生态德国

彼得·程 著

中国建筑工业出版社

图书在版编目（CIP）数据

生态德国 / 彼得·程著. — 北京：中国建筑工业出版
社，2014.5
　ISBN 978-7-112-16786-9

　Ⅰ. ①生…　Ⅱ. ①程…　Ⅲ. ①生态环境建设—德
国　Ⅳ. ①X321.516

　中国版本图书馆CIP数据核字（2014）第080881号

　　本书全面介绍了德国在生态建设方面所取得的成就和经验，内容涉及德国生态法律及政策、生态城市、生态建筑、生态景观、生态乡村、生态农业、生态修复、生态雨洪管理技术等，以期对我国的城乡规划、建筑设计和生态建设方面提供有益的借鉴。

　　本书可供广大城乡规划设计人员、建筑设计人员以及有关专业师生参考。

责任编辑：吴宇江　许顺法
责任设计：董建平
责任校对：陈晶晶　刘　钰

生态德国

彼得·程　著

＊

中国建筑工业出版社出版、发行（北京西郊百万庄）
各地新华书店、建筑书店经销
北京京点设计公司制版
北京盛通印刷股份有限公司印刷

＊

开本：787×1092 毫米　1/16　印张：14¼　字数：347 千字
2014 年7月第一版　2014 年7月第一次印刷
定价：138.00 元
ISBN 978-7-112-16786-9
　　　　（25570）

建筑是民族文化的身份符号，城市是人类文明发展到高级阶段聚集生活方式的产物。以建筑和城市为代表的古老的日耳曼民族的身份特征，透露着务实、严谨、理性、求真和批判的哲学精神。德国的建筑师受其"哲学民族"的哲学风格的影响，在生态建设时其"哲学的设计"融合简约与矜持的设计表现文化，成为引领世界现代主义运动的先锋。著名的包豪斯艺术学院更成为德国乃至世界设计领域的标志。德国的生态建筑和生态城市的设计，简洁与生态彻底代替了浮华，精心而巧妙地把德国独特的民族文化气质、科学精神融入生态建设的各个可能的细节中，形成了具有世界模范水准的生态建筑风格。过去二十多年来，笔者出于对德国设计师的尊敬和对德国生态城市、生态乡村、生态农业、生态建筑、生态景观、生态土地修复等技术的崇敬，无数次进行有上述目的的"生态旅行"，以期将德国的生态理念、生态建筑、生态景观、生态技术的学习等运用到我所热爱的生态城市、生态乡村的设计之中：

一、追求可持续性城市发展，注重生态环境的优化

1971年联合国教科文组织发起的"人与生物圈计划"，将城市列入重点研究的领域，提出要从生态学的角度来研究城市问题。德国将生态城市作为人们改造城市及发展的条件，追求理想的、高质量的城市发展目标在德国已从理论走向实践。

德国强调发展公共交通和土地的综合利用，以此实现节约资源、降低污染、保护生态资源等目标。德国注重生态环境的优化，对克服以人口膨胀、资源紧张、交通拥挤、环境恶化等为主要特征的"城市病"提供了解决的道路。

德国坚持可持续性城市的发展，建筑用地的集约化设计、市区内部开发优先于外部开发、空置土地的重复利用、加强城镇以及地区之间在德国生态城土地开发方面的渗透与融合。注重环境保护，坚持"从上开始"的原则，让更多太阳能设备登上生态城市的屋顶。屋顶绿化不仅改善城市气候，也吸收、储存降雨，从而减轻排水管网的负担。德国可持续性城市中的重点空间针对性地发展生境，将其通过相关的发展和联合措施连接成网络，并对这些重点空间进行详细记录并制定适宜的措施。

二、坚持全方位的节能减排，对新能源进行有效的开发利用

德国是世界上重要的工业国家，却很少看见大片的工业区，德国坚持全方位的节能减排，节约物质和能源的精神及自然质朴的环境孕育出一种健康、节俭、文明的生活方式。

德国对建筑节能工作高度重视，对新旧建筑都有明确的节能标准，并通过发放能耗合格证书来调控建筑节能。

德国的"被动屋"是将节能理念完美展现的生态建筑典范。被动式节能住宅在低能耗建筑的基础上不断发展。室外温度为零下20℃的情况下，被动式节能住宅室内可以不必开空调或暖气就能保持正常生活所需的温度。被动式节能住宅是目前德国大力发展的建筑节能项目之一。

德国对太阳能研究、开发和生产项目进行资助。用推动城市垃圾处理、居民区生态环境处理以及建设"太阳能城市"等措施来推广新能源的利用，每一个项目都具体明确并有系统的推进措施。

三、注重国土的管理及重构，提升生态工业景观的塑造力度

德国国土总面积24万平方公里，通过政府与民众的支持，利用科学、高效的土地资源管理及土地空间规划，注重每一寸土地的生态保护，促进每一寸土地可持续发展，以保障德国国土的可持续发展。

德国土地管理重视土地立法，采用先进技术进行管理，重视对土地信息的保存、利用和完善。在土地整理中，对具有民族风格和地方特色的历史建筑物，均加以保留，并在尊重原貌的基础上进行管理。

德国通过对旧工业区的再利用，赋予工业区新的功能，成为特色工业区景观。将废弃的工业建筑、构筑物、机械设备和与工业生产相关的运输仓储等设施整体保留。将钢铁厂以前的原状，包括工业建筑、构筑物和设备设施及工厂的道路系统和功能分区，全部承袭下来，让游人可感知原工业生产的操作流程。部分构件赋予新的使用功能，使其在展现原有景观的同时，更切合于实际应用。

《生态德国》一书不仅涵盖了德国的生态城市建设、生态景观、可持续性城市措施及应用、工业区转型及国土管理等，而且还涉及生态文明的市民行动、矿区及土地生态修复、生态雨洪管理技术、防洪减灾机制等诸多方面。希望本书能够将德国在生态方面的建设研究及应用介绍得更为清晰，并对中国的城市规划、城市设计、城市生态建设与管理起到借鉴作用。

彼 得

2013.10.13 于新加坡

目 序

第1章 德国生态城市

德国生态城市建设将生态目标的实现融入城市建设过程中，通过对城市建设统筹安排、科学规划，使经济建设、城市建设和生态建设协调发展。城市建设中，德国强调发展公共交通和土地的综合利用，以此实现节约资源、降低污染、保护生态资源等目标。德国各具特色的生态城市发展模式为全世界克服以人口膨胀、资源紧张、交通拥挤、环境恶化等为主要特征的"城市病"提供了解决的道路（图1-1）。

■ 图 1-1 弗赖堡市绿色交通

1.1 德国生态城市建设

1.1.1 生态城市建设方法

1）注重生态建设，将可持续发展作为城市发展的主题

德国的城市建设经历了不同的发展阶段，城市生态规划理念在不断变化，随着全球环境保护意识的增强，德国将可持续发展作为城市发展的主题，突出解决制约城市发展的主要环境问题。重点围绕城市建设、旅游、温室气体排放和交通运输等方面实施（图1-2）。

■ 图1-2 杜伊斯堡市风景公园

2) 建立绿色法律保障体系, 推行生态预算制

德国政府通过立法, 为生态城市建立了一套绿色法律保障体系, 作为生态城市建设重要保障的管理体制, 由政府提出草案, 经议会审批后实施。德国已有多个城市开展生态预算制。

3) 坚持全方位的节能减排

建筑节能: 德国对建筑节能工作高度重视, 对新旧建筑都有明确的节能标准, 对节能达标建筑发放能耗合格证书。所有的新建筑都必须符合节能要求, 同时每年对3%左右的旧建筑进行节能改造。德国政府改造节能样板房, 发放低息贷款和补贴扶持节能改造项目, 要求改造后房屋节能必须达到30%~40%(图1-3)。

■ 图1-3 弗赖堡市屋顶太阳能板

交通节能：德国各个城市通过大力发展公共交通实现节能环保，柏林、法兰克福、弗赖堡等地都有地铁和有轨电车。各城市均出台鼓励市民乘公共交通工具或骑自行车出行的政策（图1-4）。

4）因地制宜，确定生态指标评价体系

德国各城市生态指标的选择主要由德国市政当局根据本地的实际情况自行确定。各城市根据当地的建设标准，确定生态指标评价体系的考核内容。德国市政当局将空气、气体排放、噪声、废物处理、水体、河流、绿地、自然保护区及太阳能利用等作为生态指标评价体系的内容。

5）充分调动市民的积极性

德国市民通过庭院自助绿化、墙面立体绿化、阳台绿化、屋顶绿化、让天然植被回归城市等方法，有效帮助城市减少热岛效应，使其卫生状况、环境质量和居住舒适度达到较高水平（图1-5、图1-6）。德国在城市管理上，注重充分发挥社区的作

■ 图1-4 柏林市自行车道

用，引导市民积极参与城市管理，使市民参与成为城市发展的主要推动力。

■ 图1-5 屋顶绿化

■ 图 1-6　立体绿化

1.1.2　德国生态城市建设实例

德国城市园林规划是以生态学原理作为依据，模拟再现天然林景观，使以人工环境为主的城市与自然环境融为一体。德国波恩全市大小公园多达上千座，公园占地面积约 490hm²，周围森林面积达 4000 hm²，森林和公园总面积占全市总面积的 1/3，整个城市完全处于花园绿林之中（图 1-7）。

波恩市按照规划进行城区绿化规划设计方案：愈是开阔的绿色空间，愈能快速地使未来的建筑和植物紧密联系在一起，融合成一个整体。波恩众多办公大楼、私人住宅庭院、传统建筑错落有致地掩映在绿色空间里，其中数百个街心花园，面积大小不一，布局别致。莱茵河公园位于波恩市城市中心地带，公园充分利用当地的地形特征与城市边缘的政府行政区建筑群、住宅建筑群相连接，形成错落有致的景区风貌，体现区域之间的生态协调性与平衡性。政府行政区边缘与平坦的休息地、停车场组合成一个整体。林荫大道、瀑布、喷泉、挡土墙，提醒人们即将进入市区。步行道四通八达，与按几何图形栽植的树木，形成协调的景

■ 图 1-7　波恩市公园景观

■ 图 1-8　波恩市自然式公园

区风格。斜坡专门安排给"日光浴"者，并混合栽有榆树、橡树等多种树木，地表全部覆盖绿草。莱茵河公园融合周围的风景，利用自然景观，使整个公园开阔且富有生机。公园内建筑很少，地形略有起伏，以大面积草坪、树丛构成自然式公园（图 1-8）。

1.1.3　德国生态城市建设的成功经验

德国的生态城市建设别具特色，建设重点在硬化地面的透水改造，屋顶绿化，节约能源及开发利用可再生能源等方面。

硬化地面透水改造：德国对城市所有的硬化地面（公路除外）进行彻底拆除，采用多种形式的透水地面（包括透水砖地、卵石地、孔型砖地、碎石地等）。

大气环境保护：德国通过加强城市与周边地区之间公共交通系统和鼓励自行车使用来保护环境。经过长期有序地建设城市有轨和公共汽车交通，形成与整个周边地区融为一体的公交换乘网络，合理的票价体系，鼓励市民在公交换乘地点换乘城市公共交通出行，以减少私人汽车的出行，降低空气污染。

节约能源：德国通过在节约能源，使用新型能源以及发展热电联合等措施减少环境负担，提高城市生活质量。同时，通过提高能源价格以及分发节能灯等方式减少居民的能源消耗。

新能源开发：对太阳能研究、开发和生产项目的资助，城市垃圾处理项目，居民区生态环境处理项目以及建设"太阳能城市"等措施来推广新能源的利用，每一个项目都具体明确并有系统的推进措施，以保证生态城市建设（图 1-9）。

■ 图 1-9 弗赖堡市屋顶太阳能板

河道自然景观恢复：德国以河道模拟自然河床，保持河与岸的自然过渡结构，维持岸边自然植被生境为原则来维护河流环境，使河岸景观自然美丽，且节约维护费用（图 1-10）。

■ 图 1-10 慕尼黑"英国公园"

1.2 德国生态城市环境保护与治理

1.2.1 德国生态城市的特点

1）和谐性

德国确立可持续发展的原则，通过多种手段实践生态城市建设，发展生态建筑。政府重视生态城市的建设及市民的积极参与，鼓励生态建筑技术的应用；鼓励太阳能的收集和综合利用；鼓励建筑合理利用雨水和建立合理的水循环；鼓励建筑的立体绿化等，营造满足人类自身净化需求，文化气息浓郁，富有生机与活力的生态环境（图1-11）。

■ 图1-11　立体绿化

2）高效性

德国从自然物质—经济物质—废弃物的转换过程中，实现"自然物质投入少，经济物质产出多，废弃物排放少"的生态目标。德国的交通运输形成空中航线和海上运输航线主动脉系统以及相贯通的城市道路系统等（图1-12），并在通信数字化、综合化和智能化基础上，实现快速有序的信息传输系统；配套齐全、保障有效的物质和

■ 图1-12　火车站

7

能源供给系统；网络完善、布局合理、服务良好的商业、金融服务系统；设施先进的污水废物排放处理系统和城郊生态支持系统等。

3）整体性

生态城市是兼顾社会、经济和环境三者的整体效益，兼顾城乡之间的协调平衡，在整体协调的新秩序下寻求发展。德国重视生态功能区的保护，在城区内及周边地区建设众多绿地和绿带，德国的城市规划保证经济和社会在生态承载力范围内快速发展，广泛开展节能、节水活动，采用多种措施防治水、大气和土壤污染。

1.2.2 德国生态城市环境保护

德国不仅是世界上环境最好的国家之一，其环境高新技术产品也在全世界领先，德国直接与间接从事环境保护工作的人大约有 200 万。

德国崇尚自然，主张回归自然，遵循自然规律，尽最大可能地与自然相协调。城市是大自然赐给人类的宝贵财富，是大自然的城市，城市充分体现自然理性，德国使自然原生态在城市中展现其独特的魅力。

德国的城市生态建设注重地质环境保护，城市道路适度硬化是生态城市环保工作的重点之一，建造生态地面，避免城市地面的过度硬化，实现城市的健康发展。如法兰克福的城市地质工作更是让人惊叹，保留了一百多年前美因河大桥的洪水标志（图 1-13、图 1-14）。

■ 图 1-13 美因河大桥（1）

■ 图 1-14　美因河大桥（2）

1.2.3　德国生态城市环境治理的措施

1）制定监控措施，治理环境问题

德国制定了一系列监控措施，治理向空中排放颗粒状及气态污染物等有害物质带来的危害，促使发电站经营者和其他工业企业改造其现有设备，并对排放有害物质制定了严格的标准。

管理水措施：德国管理水的基本任务是保持水的生态平衡，使水质状况符合居民和经济发展的要求，满足对供水量的长期需求。德国的供水、排水由环境保护部门统一管理，

监测和保护地下水免遭污染。德国河流较多，非常重视水源地的水质保护（图 1-15）。德国以严格的法规、监管和执行，以及征收生态税、污水排放费，采取对私营污水处理企业减税等经济调节手段共同构成水污染控制管理体系，对保持水生态平衡发挥积极作用。

发展可再生能源：德国将发展可再生能源提升到战略高度，建立了一系列较为完善的法律法规。同时，还建立持续资助可再生能源的

■ 图 1-15　德国郊野小溪

研究机制，规定一系列促进可再生能源发展的激励政策措施。德国政府对消费化石能源强制征收能源税和生态税，引导民众广泛使用可再生能源；并采用财政补贴、税收、银行优惠贷款等多种手段，形成有效的激励。

实施循环经济政策：德国率先在国际上进行循环经济立法，发展循环经济。德国循环经济发展模式的最大特点是通过对废弃物的循环利用来提高资源使用效率，最终达到节约资源，保护生态环境的目的。如德国鼓励生产和销售排气量小，安全性能好的经济型汽车，并大力推广使用无铅汽油以减少环境负担，使德国空气中 CO_2、SO_2、总悬浮颗粒物等含量持续降低。

垃圾循环处理系统：德国对垃圾进行严格分类，统一回收。如矿泉水瓶子押金高于商品本身，待退瓶后发还，若不退瓶，积累的费用便直接划归环保之用。

2）培养市民的环保意识

德国政府意识到培养市民环境保护意识，依靠市民的力量开展环境保护工作，可有效提升环境保护的效果。德国民间环保组织通过免费开展讲座，提供环境保护知识手册等各种途径向公众宣传和普及环境保护知识。同时，德国政府将环境保护教育和培训作为职业教育的重要内容。

1.3 德国生态城市建设示例

1.3.1 绿色之都——弗赖堡市

德国南部的弗赖堡市素有"绿色之都"的美名。"绿色之都"的含义包括可持续性的城市发展，合理制定经济和生态保护方案，坚持科技与经济手段的有效结合，开发利用可再生能源、长期重视知识和技能、政策配合，以及公民的积极参与等。弗赖堡市将特色的生态理念注入城市的建设中。

1）推动可再生能源利用

弗赖堡市制定了城市新建房屋和公共建筑的能源效率标准，拥有可再生能源研发技术中心，太阳能研究水平居于德国各大城市前列。弗赖堡中央火车站的中转站、体育场及博览会的展馆等，建筑顶部均设有太阳能光伏板（图1-16）。

2）建造绿色建筑

弗赖堡市许多建筑的屋顶使用太阳能光伏电板，设置阳台保护外墙立面，采用特定厚度木结构墙体，并每年建造低能耗住宅、无源住宅（能源自给自足）和正源住宅（能源有所盈余）等，以及 CO_2 零排放的宾馆，低碳节能的住宅小区（图1-17）。

■ 图1-16 中央火车站建筑顶部装有太阳能光伏板

■ 图 1-17 绿色建筑

3）绿色交通

弗赖堡市拥有一个广阔的绿色公交网络与一个总长超过 500km 的自行车通行网络。在旧城区里，禁止汽车通行，游客可以步行或骑车游览（图 1-18）。

■ 图 1-18 绿色交通

1.3.2 将生态需求转化为经济效益——奥尔登堡

奥尔登堡位于德国西北部，国民生产总值高达 52 亿欧元 / 年，人均收入在 3.5 万欧元左右，超出德国平均水平 26%。发展过程中，奥尔登堡始终对能源问题保持高度重视，通过各种方式努力实现绿色发展，将"新一代能源"的需求转化为经济效益，促进经济的发展。

监控装置：奥尔登堡在人流量大的广场安置展示当前城市能源消耗的装置，时刻提醒公众关注能源消耗的总量、结构等，切身感受到自己为节约能源、建设生态城市所作出的贡献。

低耗能的新型建筑：奥尔登堡市政府投资建造的"智能住宅"在多个细节上都体现出奥尔登堡节约能源的发展理念。如一座智能建筑中，4 家住户用过的污水被重新收集并进行生物处理，先通过紫外线照射，再经过一个垂直的生物过滤器进行净化，经过处理后的污水可以用来冲洗马桶。

垃圾收集系统：该系统包括独立的塑料收集、有机垃圾堆肥处理系统、垃圾的分类回收，还有一个收集所有其他废弃物的回收站。

环保型建筑材料：奥尔登堡外墙使用环保材料隔热，粉刷矿物质并涂有硅酸盐颜料来加以保护。与阁楼相连的顶棚使用矿物棉等隔热。

1.3.3 "欧洲绿色之城"——斯图加特

斯图加特位于南德高原北缘的内卡河谷中，面积为 $207km^2$，人口约为 58.9 万；建筑（房屋和道路）占城市总面积的 44%。斯图加特市是欧洲著名的工业城市，第二次世界大战时惨遭轰炸，多处建筑物被毁，经过 20 世纪 50 年代的重建及政府的有效引导，成为"欧洲绿色之城"。

斯图加特中心城区建有一条长 8km，面积为 $200m^2$ 的绿带。绿带把城中心的皇宫广场、皇宫公园、玫瑰石公园、和平花园和高地公园连成一片。斯图加特中心城区外围是大片的城市森林，除自然保护区外，都是以乡土树种为主的近自然林（图 1-19、图 1-20）。森林内建有步行道，可供居民散步和进行自行车运动。此外，还设有凉亭和简单的体育设施以及小片草地，供游人休息。

斯图加特注重居住区和庭园绿化，多数住宅都掩映在树木和花草丛中。20 世纪 80 年代开始进行屋顶绿化，在一些屋顶上建造空中花园。市区道路两旁行道树都是当地的树种，疏密有致。

斯图加特交通发达，道路用地近 $30km^2$，约占城市总面积的 15%。斯图加特中心城区与四周的卫星城市均有轨道交通连接，严格控制汽车污染，执行汽车分区限速，逐年减少污染汽车数量，提倡自行车出行。

1）地下水和地面水的保护

斯图加特从源头严格控制水污染，实行污水限量和净化，对现有负荷网进行分配，建设新厂采用新技术降低成本；推行污水的生态处理；限制硬结地面；将绿地和池塘等水体相结合，减少洪水危险；提倡雨水收集，辅以优惠政策，实现水的循环利用。在满足每人每天特定用水量的前提下，力求节约用水，保证饮用水的质量。

■ 图1-19 斯图加特市城市公园（1）

■ 图1-20 斯图加特市城市公园（2）

2）垃圾的收集和处理

斯图加特实行垃圾分类，居民按废纸、生物有机物、玻璃制品、包装袋、大件废品等分类，分别将垃圾投放到带有标志的垃圾筒内，由环保机构定期清运处理（图 1-21）。

■ 图 1-21　垃圾分类

3）节能建筑

斯图加特按照生物气候原则发展节能建筑。建筑物建造之初，从建筑密度、建筑物位置、建筑物朝向、屋顶朝向和高度等方面挖掘节能潜力；合理利用太阳辐射，巧用玻璃双层护壁、自然通风、自然采光，考虑夏季的舒适性。发展城市电厂，新建公共建筑和居住区采用燃气供暖，减少环境污染。斯图加特制定合理的能源政策，提倡开发利用太阳能、风能、木材、沼气、水电等多种能源。

4）节能材料

斯图加特的房屋建筑提倡使用木材和其他无毒材料，重视空气的流通和自然采光，使用玻璃外墙减少能源消耗，推行屋顶绿化以增加植被覆盖，注重雨水收集和利用。在建设中采用一系列节能、节水措施，推行屋顶、阳台绿化，透水性地面，铺设草皮，减少土壤封闭等措施并在小区内配置齐全的社会服务。

5）生态意识的普及

斯图加特围绕"社区安全，增加居住舒适性和促进健康"的生态理念进行建设。在居住小区内实行居民轮流打扫公共卫生，举办报告会和讨论会，进行各层次的生态理论介绍，推广环保知识，提高市民生态觉悟。把环境教育与社会以及政策的讨论相结合，动员居民参与并支持。

第2章 德国生态景观

德国是世界上重要的工业国家之一，却很少看见大片的工业区，城乡景观主要以自然延伸的草地、森林以及点缀在其间的如童话般美丽精致的房屋建筑为主。德国生态景观建设是新生活模式的重要探索，节约物质和能源的精神及自然质朴的环境孕育出一种健康、节俭、文明的生活方式。

2.1 德国城市绿化景观

德国的城镇和乡村，公园与普通居住区绿化没有明显的区别，城镇便是建设在花园之中。国土整体绿化自然，处处都有成片、整体的绿化地块。树丛错落于草地之间。从公共园林到私人宅院体现着生态景观的设计理念（图2-1）。

■ 图2-1 德国城市绿化景观

2.1.1 德国的城市绿化和绿化效果

德国随处都能看到精美别致的公园绿地，整个城市完全处于花园绿林之中。德国的城市园林规划是以生态学原理作为依据，模拟再现天然林景观，使以人工环境为主的城市与

■ 图 2-2 公园绿地

自然环境融为一体（图 2-2）。

德国的城市绿化工作非常成功，绿化效果极佳，对保持与完善天然美景起到积极作用。园林绿化部门对建筑广场采用"规划式"布局，其余一般采用"自然式"布局，打破单调整齐划一格局，表现出多层次、多树种、多色彩的特点。在开阔的大草坪上点缀稀疏的树丛及花卉，形成开朗景观，其间开辟漫步小道，设置园灯、座椅，配置以水池、喷泉。公园中建筑很少，地形略有起伏，不使用大型山石，以大面积草坪、树丛构成自然式园景（图 2-3、图 2-4）。

德国将绿化环境看成是一种美德，城市周围设立众多大型自然公园和上千座小型自然生态保护区保护和改善城市环境。汉堡市开辟 780 hm^2 的自然保护区，供多种动物栖息。保护区中心的树木任其自然生长，对病虫害防治采取生物防治（图 2-5）。

■ 图 2-3 自然式园景（1）

■ 图 2-4 自然式园景（2）

■ 图 2-5 德国自然公园

2.1.2 德国绿化景观建设——以法兰克福市为例

法兰克福市绿地占城市总面积的 70%，人均占有公园绿地 40m²。莱茵河穿过法兰克福市区，沿河有宽阔的绿化带。绿化带的外侧是城市建筑区，但主要是博物馆、教堂等文化建筑（图 2-6、图 2-7）。

■ 图 2-6 城市绿带

1）市民支持以及法规保障

城市园林建设之初，德国会将城市园林规划公布，征求市民意见，经过议会通过，并制定相应的园林法规，保证城市按园林规划进行建设和管理。德国的《城市建设促进法》与《自然保护及环境维护法》，从法律上保证城市园林绿地建设和自然风景的保护，国家、州、地方政府对发展公园绿地给予财政补贴。

2）"指状发展"模式

法兰克福市能够获得良好的自然环境，政府和企业发挥了重要的作用。"指状发展"的模式，使城市绿地、森林公园楔形插入市中心，确保增加城市自然景观面积，改善城市景观状况。法兰克福将公园、植物园、林荫道和街心公园，各种类型的园林绿地遍布于城市各处，将污染工业都迁出市区，将原厂址由国家或企业收买作为园林绿化设施用地。

3）德国民众对生存环境治理的追求

德国市民对生存环境质量的要求很高，因而非常重视园林保护和城市绿化。经济发展与环境生态相矛盾时，首要考虑生态的需求，搬迁工厂，拆除过密建筑，增加绿地面积是政府和广大市民的义务。如法兰克福市的建筑博物馆在建筑大厅中有意留出树位，保留树木。

■ 图 2-7 德国绿化景观

2.2 德国生态绿化景观

2.2.1 德国屋顶绿化系统建设

屋顶绿化在德国已有30多年的历史。德国的屋顶绿化率达到80%左右，是整个城市绿地系统的组成部分，基本解决了建筑占地与绿地的矛盾，扩大城市绿化范围，形成新的休闲场所，活跃城市景观。

　　德国屋顶绿化系统建设主要分两种：新建屋顶和旧式屋顶改造。对屋顶绿化系统的选择要根据建筑物的具体情况，如排水、荷载、防风防火等因素。德国的屋顶绿化体现建筑与绿化艺术、人与自然的有机结合。

　　德国先进的屋顶绿化系统包括 4 个重要组成部分：过滤层、蓄（排）水盘、保湿保护层及隔层。过滤层使土壤微细颗粒不能进入蓄（排）水盘内；蓄（排）水盘保存大量雨水，快速排走过剩雨水；保湿保护层具有蓄水的功能，同时保护防水层和隔根层。隔层能有效阻止植物根系对建筑物结构和防水卷材的破坏。德国的屋顶绿化系统都必须具备防植物根穿刺的防水层或是单独的隔根层（图 2-8、图 2-9）。

■ 图 2-8　屋顶绿化（1）

■ 图 2-9　屋顶绿化（2）

2.2.2 德国屋顶绿化的类型

依据德国的绿化标准，通常将屋顶绿化分为 3 种类型：开敞型屋顶绿化、半密集型屋顶绿化和密集型屋顶绿化。

1）开敞型屋顶绿化系统

开敞型屋顶绿化系统（粗放型屋顶绿化）是屋顶绿化中最简单的一种形式。德国 80% 的屋顶都是开敞型的粗放式绿化，根据绿化形式和质量的不同，开敞型的屋顶绿化 50% 以上都被计算到绿化率中。德国鼓励开发商进行绿化屋顶的方法，以此为被覆盖表面减免雨水流失费。耐干旱、生命力强、低养护的景天科植物适用于开敞型屋顶绿化系统，采用景天科植物无需单独设置灌溉系统，完全依靠自然降水，每年只需检查 1～2 次，建造速度快，成本低，重量轻，人不能在屋顶上活动（图 2-10、图 2-11）。

■ 图 2-10 开敞型屋顶绿化系统（1）

■ 图 2-11 开敞型屋顶绿化系统（2）

2）半密集型屋顶绿化系统

半密集型屋顶绿化系统是介于开敞型屋顶绿化和密集型屋顶绿化之间的一种绿化形式，具有选择多样化，植物选择复杂化，效果美观化，设计自由化及需要定期养护和灌溉的特点。半密集型屋顶绿化将低矮灌木和彩色花朵结合，将一些人工造景融入其中（图 2-12、图 2-13）。

■ 图 2-12　半开敞型屋顶绿化系统（1）

■ 图 2-13　半开敞型屋顶绿化系统（2）

■ 图 2-14 密集型屋顶绿化系统

3）密集型屋顶绿化系统

密集型屋顶绿化系统是最为理想化的"空中花园"，为给住户提供"空中乐园式"的休闲活动场所，屋顶地表加入草、树、亭、池等各种设计元素，同时植被绿化与人工造景组合，形成高低错落、疏密有致的植物景观与亭台水榭的人文景观，密集型屋顶绿化系统是屋顶绿化技术的成熟体现，密集型屋顶绿化系统需要经常养护和灌溉（图 2-14）。

2.2.3 德国屋顶绿化的特点

1）生态性

屋顶绿化与城市绿化系统相结合，已纳入到城市的规划建设当中。人行道与行车道周围、游乐区域以及停车场顶盖绿化作为德国整个绿化系统的元素，屋顶绿化后，植物通过蒸腾增加城市空气湿度，调节城市温度，吸收 CO_2，释放 O_2，吸附污染物质，并将建筑屋顶的降雨吸收储存（图 2-15）。

■ 图 2-15 屋顶绿化与城市绿化结合

2）功能性

德国的屋顶花园发挥保护生态、调节气候、净化空气、遮阴覆盖及降低室温的功效，可美化城市，活跃景观，开拓城市空间，为都市的居民提供休息的舒适场所。德国的屋顶绿化系统增加城市"自然"的绿色空间层次，兼具生态效益及美学功能，为居住或工作在高层上的人带来更多的绿化景观（图2-16）。

■ 图2-16 绿色空间层次

3）法制性

德国政府对于绿化有一套完整的政策支持系统，提出屋顶绿化是建筑破坏自然的一种补偿方式，立法强制推行屋顶绿化。德国政府规定，实施屋顶绿化可减免部分排水费，得到政府50%～80%的屋顶绿化工程款补贴，享受政府无息或低息贷款。积极响应鼓励政策的业主还会受到各级政府及社区群众的好评。

2.2.4 德国屋顶绿化的功能效应

德国的屋顶绿化集生态、经济和社会效益于一体，有效缓解城市建设与绿化用地紧张的矛盾，具备节能、环保、公益三重功效。

1）节能

德国绿色屋顶的植被能够对太阳能电池板起到降温作用，使其发电效能提高约5%。屋顶上的绿色植物减少紫外线辐射，使防水层及建筑结构构件得到保护，制造O_2，净化大气。植物蒸腾的水分吸收热量，改善顶层房屋的室内舒适环境，减少城市噪声，冷却大气，减轻工业化给城市带来的热岛效应。

2）环保

德国夏季有植被覆盖的屋顶与裸露屋顶之间的温差最高可达40℃。防水层降低钢筋混凝土结构或砖混结构建筑物屋顶的昼夜温差，防止建筑物外围墙身被拉裂或楼盖四角出现龟裂，延长建筑物的使用寿命。屋顶绿化系统具备蒸发、阴凉和大气循环的冷却效应，一个屋顶花园的最高温度为25℃，且降温缓慢（图2-17、图2-18）。

■ 图2-17　屋顶绿化与环保节能（1）

■ 图2-18　屋顶绿化与环保节能（2）

3）公益

绿色屋顶能够含蓄雨水，高度保持水分。德国环境与自然保护联盟（BUND）调查的数据显示，屋顶绿化的设计直接的水分流失量减少50%～90%。屋顶绿化的综合经济指标理想，能够节省大量建筑费用和公共事业开支，采用绿色屋顶大大降低维护成本，建筑物本体能够自然维护（图2-19）。

2.3 德国生态景观设计理念

1）营造维持生态平衡的自我调节系统

德国生态设计的目标是将人类对环境的负面影响控制在最低程度。为维持生态平衡，德国注重对水分循环、植被、土壤、小气候、地形等自我调节系统的有效利用。为避免大规模的土方改造工程，减少因施工对原有环境造成的负面影响，德国在生态景观设计时，充分利用原有地形及植被，营造维持生态平衡的自我调节系统。

2）充满理性主义色彩的生态景观设计

德国的生态景观设计按各种需求、功能以理性分析、逻辑秩序进行设计，景观简约，反映出清晰的观念和思考。景观中自然的元素透露出几何"片断式"的组合，该种组合遵循理念和关系，理性中透出质朴的天性，自然与人工的结合给人深刻的印象，生态设计思想得到提升。

3）提供良好的生境空间，维护小生境

德国运用碎石、卵石或块石矮墙来分隔组织空间，其中的空隙又为昆虫、蜘蛛及小爬行动物提供一个良好的生存空间。德国在最大限度保护好原有生境条件的前提下，根据具体情况，创造出不同的小生境，丰富植物群落景观（图 2-20）。传统的地境连接各个生存空间的轴线，绝不可被繁忙的公共交通严重阻断。德国在建设生态网络连接轴线时，必须使其同时具有动物迁徙走廊的功能。

■ 图 2-19　屋顶绿化与公益

■ 图 2-20　良好的生境空间

4）能源与物质循环利用

德国将场地上的废料也视作一种资源，采取就地使用或加工的措施，使废弃材料成为独特的造景材料。如杜伊斯堡公园的"金属广场"，将原工厂遗留的大型铁板整齐排列在广场的中央，与周边废弃的工业设施和谐地融为一体（图2-21）。

■ 图2-21　杜伊斯堡公园

2.4　德国生态景观的保护

德国无论在山地森林，还是河畔森林中都存在许多值得保留和保护的生存空间，适合那些稀有的、对外界干扰十分敏感的动植物栖息。如德国对杜塞尔多夫市的生物栖息地的保护进行规划，将城市的生境划分为公园地、弃地、河岸、水塘边缘等32个生境类型，选择维管束植物、蝴蝶、蚱蜢、蜗牛等作为指示物种，对各物种在不同生境中的分布情况进行调查并制图。同时森林又是数以万计的市民每天用于休闲与锻炼的理想场所。引导市民在保护自然的基础上对森林进行休闲目的的使用，这些措施包括有针对性地将游客吸引到特定的道路上，使他们既能欣赏到优美的自然风景，又不会破坏自然。

对栖息地的保护分为现存栖息地的保护，生境结构的扩大与增加，栖息地的重建及栖息地的复原与发展等保护措施。德国生态景观的保护以减少生境孤立为出发点，提出城市栖息地网络的设计方案。自然保护和休闲旅游能够互不干扰，共同发展，离不开德国相关保护规定，如：无论骑车还是步行，都不得离开带有标示的专门路线；自然保护区的大多数山崖上禁止攀爬，禁止宠物自由奔跑，禁止采摘植物。针对山顶地区的高负荷使用，德国除采取严格的限制性措施外，还通过公告牌为游客提供信息，并为其开设具有吸引力的生态旅游路线，引导市民在自觉保护自然的基础上充分享受自然美景（图 2-22）。

■ 图 2-22　自然保护区

第3章 德国生态法律及政策

德国是国际上第一个将环境保护作为政府责任写入宪法的国家，对环境保护的立法严谨而全面。目前，德国 16 个联邦州共有约 800 部法律，2800 部环境法规和近 4700 条环境管理条例。这些生态保护相关法律、政策对德国构建和谐优美的生态环境发挥了重要作用。

3.1 德国生态环保政策的发展

3.1.1 生态环保政策的发展背景

德国 90% 的环境法律是根据欧盟的规定来制定，欧盟制定指导方针，各成员国必须在规定的期限将其转化为国内法。若没有履行此义务，欧盟会启动违反协议的程序，将向违反规定的国家强制收缴惩罚金。德国严格遵守欧盟规定，主动承担了减少排放保护大气环境的责任。

3.1.2 德国生态环保政策的实施要点

1）把握生态环境政策的基本方向

德国主张生态理念和民主精神紧密联系，在生态环境保护方面建立民主责任的制度性框架。要求企业和行政管理当局公开环境数据，扩大公众的知情权和参与权。通过公开政府机制，提高公民在不同层次的环保运动中的参与性及环境保护运动的透明度。

2）适当调整经济结构，向阳光经济时代过渡

德国按照有利于生态保护、人类持久与和平生存的原则调整经济结构。能源的合理利用是保护好生态环境的关键之一。未来的能源供应主体是阳光，能源供应体制是非集中性的。德国减少军工技术、核能和基因工程等方面的科技投入，把科研资金和技术力量转向节能、再生能源、环保及公共运输等领域的研究。

3）提倡生态责任感为价值取向

生态教育是一种责任，现代化和高度的生态责任感为价值取向是德国发展生态政策的关键之一。教育和科学研究面向未来，德国为实现社会公正，培养公众自主安排规划生活及对自身、社会、环境的高度责任感。在生态教育的基础上，重新塑造公众的责任感。

3.2 德国水土生态保护法律制度

3.2.1 土壤保护法

德国《土壤保护法》对土壤的保护主要体现在两个方面：

1）肥料管理

对施肥方式、措施以及不同肥料的应用与管理，针对不同肥料与土壤的关系，在保障土壤肥力、酸碱度平衡等方面提出明确的要求。对肥料中重金属的含量作出明确的限制性规定。德国的土壤保护对可能造成土壤污染或土壤退化的相关规定具体、翔实，具有较强的实践性和可操作性。

2）土壤管理

防止土壤紧实和水土流失，加大已有防风林的种植密度和面积；尽可能采用轮作方式，保持土壤表面的高覆盖率，减少土表的机械使用；对作物残留物和有机物作均衡处理，保持土壤适宜的酸碱度，以保证土壤微生物活力。

3.2.2 生态农业法

德国农业有一套较完善的法律法规，其中包括：《种子法》、《物种保护法》、《肥料使用法》、《自然资源保护法》、《土地资源保护法》、《植物保护法》、《垃圾处理法》和《水资源管理条例》等农产品种植的法律法规。生态农业相关法律主要规范经过注册的生态农业企业的经营活动及其产品，确定其是否需要监测、检查或检测的项目，处罚违反"条例"的经营者。

为保证生态农业的健康发展，德国政府规定农场在转为生态方式生产6个月后才能申请验收，经过2年接受检查的过渡期，其产品才能贴上生态农产品的标志到市场上公开出售。生态农场耕作过程中禁止施用化肥、农药和各类植保素，生态农场以常规方式饲养的禽畜的粪便作肥料，猪、牛、鸡等畜禽的农场的饲养方式为放养，农户自己种植和加工饲料，一切均以绿色、安全为原则。

3.2.3 保护森林和发展林业法

德国政府对绿化工作依法严格管理。保护森林和发展林业相关各法律规定只有经过州主管当局批准才能开垦林区，把林区改作他用；森林主有义务在采伐过的林区重新育林。生境必须得到持续维护。德国自然保护区是一个名副其实的，由草地、耕地和牧场，种满果树的河堤、树篱以及大大小小的水塘组成的多类型生存空间。德国法律规定每年为一种鸟的"鸟类年"，这一年要特别注意保护这种鸟。每一个"鸟类年"，生物学家都要对指定鸟类的生活方式和现状进行研究，提出一系列的保护性措施，并为其建立生活特区。德国除乌鸦、麻雀等少数几种鸟外，几乎所有的鸟类都受到国家法律保护。

为提高市民对动植物生存空间的保护意识，德国森林自然保护区内开辟出一条"生境廊道"。一个清晰的路径指示系统在森林自然保护区内为游客指明方向。德国鼓励市民自愿定期维护生境，成为自然保护管理员，共同为自然保护区的长期维护作出努力（图3-1、图3-2）。

3.2.4 德国水环境保护法

德国在水环境保护方面的基本法规是《水法》。以《水法》为基础，德国在水环境保护方面还有若干项法规，如《流行病法》，其内容主要是为保护人体健康而制定的对地面水中各种病原体的限制与监控措施及法律责任。《废水排放法》是对水污染物的排放者实行收费，限制排放水污染物的总量，是各种水污染物的收费准则。

■ 图 3-1 自然保护区鸟类保护 (1)

■ 图 3-2 自然保护区鸟类保护 (2)

3.3 德国可再生能源利用法与生态税收改革

3.3.1 德国可再生能源利用法

德国可再生能源利用处于世界领先水平。德国法律政策核心是优惠贷款、津贴以及对可再生能源生产者给予较高标准的固定补贴。可再生能源法是体现德国政府可持续能源战略的关键法律，对于德国能源结构的转变和实现政府提出的目标起到推动作用。2004 年 8 月，德国新修订的《可再生能源法》生效，提出新的目标，到 2020 年使可再生能源发电量占总发电量比例的 20%。德国的《可再生能源法》已成为国际上节能立法的典范。

德国可再生能源利用法的核心内容体现在 6 个方面：

（1）强制入网：供电商有义务将可再生能源生产商生产的电力接入电网。

（2）优先购买：供电商有义务购买可再生能源生产商生产的全部电量。

（3）固定电价：供电商有义务根据《可再生能源法》规定的价格向可再生能源输电商支付固定电费。

（4）责任共担原则：德国《可再生能源法》规定能源供应者之间严格一致、均等的责任共担原则，促进无排放、可持续的能源进入市场以取代传统能源，这与环境保护领域"污染者付费"的原则一致。

（5）德国建立可再生能源电力分摊制度：规定供电商负责对全国范围内各个地区和电网间的可再生能源上网电量进行整体平衡，使可再生能源固定的高电价带来的电力增量成本平均分摊在全国电网的全部电力上，确保各个供电商之间能够公平竞争。

（6）德国政府实行可再生能源市场激励计划：主要涉及供热供暖用太阳能采集装置、生物燃料处理装置、小型生物气体产生装置、小型水电装置及地表应用装置等（图 3-3）。

■ 图 3-3 太阳能采集装置

3.3.2　德国生态税收法

德国与环境相关的生态税费包括能源税、电力税、汽车税以及垃圾、污水处理费。德国生态税收改革的重点在于解决能源问题，对矿物能源加征生态税，对天然气加征生态税，对电加征生态税，对矿物能源在征收销售税外加征生态税，对农业生产使用的燃油则免征生态税，对清洁能源免征生态税，对无铅或低硫汽油、柴油执行较低的生态税税率，对农林、采矿、建筑、供水、电力等行业的企业用电和取暖材料及对地方公共交通、使用天然气和生态燃料的交通工具，均对其生态税收税率给予优惠。

德国实行生态税收改革，目的是降低能耗，鼓励新能源技术的研发，提高采暖燃油的税率，提高社会各界节约能耗的积极性，促进各种节能技术的研发应用。生态税收改革鼓励开发和利用清洁能源，如使用风能、太阳能、地热、水力、垃圾、生物能源等再生能源发电免征生态税。

德国自推出生态税收以后，每年燃料消耗下降 3 个百分点，而此前数十年燃料消耗持续上升。德国车辆行驶里程不断增加，燃油消耗量却比税制改革前约减少 17%。通过征收生态税，每年政府获得大笔税收收入，增设大量与实施生态税收有关联的工作岗位，增加民众的就业机会。

3.4　德国节能政策及相关法律制度

3.4.1　德国节能法律政策概况

为引导德国进一步走向节能环保社会，德国设立法律框架，如《排放控制法》、《循环经济与废弃物法》、《可再生能源法》、《联邦控制大气排放条例》、《能源节约条例》、《电器设备法案》、《生物能源法规》等。法律法规的出台，促进德国能源供应的可持续发展，降低国民经济中的能源供应成本，保护气候、自然和环境。

德国第一部建筑节能法规确定了建筑的限制指标，对建筑的结构及建筑的热量损失提出标准。政府要求建筑师在设计时，必须提供"建筑能耗证书"（主要包括供暖、通风和热水供应）。能耗超标的建筑被禁止，新的建筑必须在能耗上符合标准。德国通过制定和改进建筑保温技术规范，降低住宅在冬季的散热量，不断挖掘建筑节能的潜力。《能源节约法》制定德国建筑保温节能技术新规范，从控制建筑外墙和屋顶的最低保温隔热指标，改为控制建筑物的实际能耗。

3.4.2　德国节能法律政策的实践经验

德国的"节能减排"以资源的高效利用和循环利用为核心，以"减量化、再利用、资源化"为原则，以"低消耗、低排放、高效率"为特征。德国节能法律政策的实践经验体现在三个方面：

1）多方位制度保障

从 20 世纪 70 年代开始，德国政府启动一系列环境政策，主要包括：《环境规划方案》、《德国基本法》、《废弃物处理法》、《联邦控制大气排放法》、《排放控制法》、《循环经济与废弃物法》、《可再生能源法》、《联邦控制大气排放条例》、《能源节约条例》、《可再生能源法修正案》及 2005 年颁布的《电器设备法案》等环境法案。同时成立环境问题专家理事会、联邦环境委员会等公共机构，对环保情况进行全方位的法律维护。

2）有效的经济措施

德国通过实施产品责任制，制定明确的定量目标，建立激励与约束机制及征税和收费等限制性措施，要求造成环境污染的企业承担相应责任。通过税费减免等激励性措施，鼓励企业积极参与环境保护。德国制定了相应的税收优惠政策，鼓励企业和公民减少污染，提高资源的利用效率。对于安装环保设施的企业，免征 3 年环保设施的固定资产税，并允许企业每年度环境保护设施所提折旧比例超过正常设备的折旧比例。对于实施环保项目的研发，允许企业将研发费用计入税前生产成本。

3）先进的技术手段

德国是世界第二大技术出口国，传统技术和高新技术都拥有雄厚的技术实力。德国通过以环境友好的方式利用资源，将经济发展和环境保护有机地结合。德国的能源研究以开发新能源为主，重视传统能源的有效利用，德国的环境保护产业在全球居于领先地位，其领先的技术包括：污染处理技术、废弃物处置和利用技术、环境无害化技术；清洁生产技术、工业生态技术在内的资源综合利用技术，以及清洁能源和高效能源在内的能源利用技术。

3.4.3 循环经济与废物管理法

德国《循环经济与废物管理法》侧重促进循环经济，保护自然资源，以最优化的方式清除环境中的废物。该法规定：对废物的优先顺序是避免产生、循环利用和最终处置，提出将资源闭路循环的循环经济思想从包装推广到所有的生产部门，把废物处理提高到发展循环经济的思想高度，建立系统配套的法律体系，开创环保立法的新局面。

德国法律规定针对废水排放、固体废弃物倾倒引起的水污染，按一定方式以废水的污染单位为基准，实行全国统一税率，并且每年的税率不断提高，每年的水污染税收全部用于改善区域水质（图 3-4）。

■ 图 3-4　德国郊野小溪

第4章 德国生态乡村

德国的乡村发展经历了从再城市化、农村现代化到农村生态化的阶段。德国生态乡村通过保持居住环境的历史延续性，保护生态环境，建立符合乡村特点的交通系统，采用就地取材等适宜建设技术及适合小规模村落的适宜基础设施发展生态乡村。德国乡村已成为拥有优美宁静的田园风光和完善便利的基础设施与公共服务的生态特色地区。

4.1 德国生态乡村建设

4.1.1 德国生态乡村的形成与发展

德国绝大部分人口生活在城市地区，乡村地区占国土面积的 2/3。自工业化以来，德国在经济结构、农业劳动生产率、文化景观和区域差异等方面发生了巨大变化。具有特色的乡村地区在保持村庄形态结构和景观的前提下，实现基础设施和公共服务现代化，提高农产品质量和数量，发展乡村地产和乡村服务业，部分生态脆弱的乡村地区进行生态移民，建成生态和自然公园。

德国为乡村地区发展提出由规划目标、规划区域和政策等要素构成的一体化的规划纲领。乡村规划的参与者由决策者，所涉及的居民，一些公共和私人团体机构组成。三方通过充分沟通协商和妥协最终制定出一个乡村发展规划。总体规划纲领包括规划目标、规划项目内容、规划区域、协调机制、时间安排和政策支撑等方面。

法定的刚性规划体系和非法定的柔性规划体系互相补充，共同保证德国乡村的成功转型。德国乡村规划从上到下分为欧盟、联邦、州、区域以及城市与地方，在不同的层次上具有不同的目标和任务，具有从宏观到微观，从抽象到具体的规律与特点。生态乡村发展规划的核心是土地结构的改革，具体内容为土地管理和土地整理。法定的乡村规划是政府促进乡村发展的法定工作，具有法定的程序和内容要求，规划的实施具有强制性；非法定的乡村规划是对法定乡村规划的补充与完善，具有一定的引导和指导作用。

随着环保和生态意识的觉醒，德国开展"我们的乡村应更美丽"的乡村转型，乡村原有形态和自然环境、聚落结构和建筑风格、村庄内部和外部交通按照保持乡村特色和自我更新的目标进行合理规划与建设。20 世纪 90 年代以来，可持续发展理念融入村庄更新与实践，乡村地区不再单纯追求经济效益，而是在发展的同时关注生态建设，开发生态环保的新型农业技术，以成为生态乡村为目标进行发展和建设（图 4-1、图 4-2）。

4.1.2 德国生态乡村建设的特点

1）合理性

以巴伐利亚州为例。1965 年，巴伐利亚州制定州村庄发展规划及实施项目。这些项

■ 图 4-1 规划合理的生态乡村

■ 图 4-2 环境优美的生态乡村

目的完成，成功推动农村地区产业结构的改善和村庄的城市化发展，有效保护农村地区的自然环境、人文环境和文物古迹，巩固村庄作为居住和生活空间的可持续发展。如巴伐利亚州的"村镇整体发展规划"控制村镇的更新：调整地块分布，改善基础设施，调整产业结构，保护传统文明，整修传统民居，保护和维修古旧村落等。

2）规范性

德国政府支持生态乡村综合发展，从三点进行资助：支持农村综合发展，相关人员在分析当地优劣势的基础上，制定合理的生态乡村综合发展规划；支持地方管理机构，地方管理机构负责发起、组织和推动生态乡村综合发展相关项目的实施，向农民进行宣传，为其提供咨询并调动其积极性，以及开发地方发展潜力等任务，资助与农业活动相关的投资；支持以保持和体现农村特色为目的的村落修葺，发展适合农村特点的基础设施建设。支持对农业或旅游发展潜力的开发和支持旨在改善农业结构的农村资源整合等（图4-3）。

■ 图4-3 特色乡村景观

3）法制性

1936年，《帝国土地改革法》颁布，德国农村建设逐步走上法制轨道。农村供水及排水设施的建设，土地的规整与合并，荒地的开发利用都遵循该法实施。对建筑法典进行修订时，德国议会要求德国政府就城市规划在农村发展和改善农村基本生活条件方面的作用作出明确阐述。1976年，联邦政府对《土地整理法》进行修订，将村庄更新明确写入法律条文中。这一阶段实施的村庄更新项目开始审视村庄的原有形态和村中建筑，重视村庄内部道路的布置和对外交通的合理规划，关注村庄的生态环境整治，联邦国土规划法、州国土规划法和州发展规划通过区域规划手段对农村建设起到控制作用。

4）推动性

德国通过发展生态农业提高生态乡村的建设。德国的农业生产已由产量型向质量型转移，由综合生产逐步向生态农业方向转型，农业由高投入、高产出的常规生产向绿色食品、有机食品为重要目标的综合生产方向转移。大力推广沼气能源，为提高沼气能源的生产效率大规模地生产沼气，主要使用未成熟的农作物的秸秆，其产生的沼气转变为电力并入电网，剩余的热力用于取暖。沼气设备使用的原料是植物，产生的废料循环成为农田肥料。通过上述措施，推动德国生态乡村的建设。

5）积极性

村民的积极参与对生态乡村的建设起决定作用。根据德国联邦建筑法典，公民在规划制定过程中有权参与整个过程，提出自己的建议和利益要求。通过平等参与和协商，加强相互之间的沟通与交流，调动村民参与村庄更新的积极性。为让村民积极参与村庄更新规划，社区政府通过讲座、集会、媒体以及网络等平台，将有关信息及时传递给村民，广泛向村民征询意见，针对村庄更新提出具体措施。

4.1.3 德国生态乡村的实践

德国在生态乡村建设方面积累了丰富的实践经验，主要体现在节能、节水、太阳能利用、屋面植被化与自然的绿化等方面。

1）节能

德国十分重视提高生态村的节能实施效果。以建筑节能为例：德国对住宅的节能效果进行量化研究后，得出采用紧凑整齐的建筑外形，可节约大量能耗，改善外墙保温性能，加大南窗面积，减小北窗面积，建筑争取最好朝向等措施，均可降低能耗。

2）节水

德国生态村几乎所有住宅的屋檐下都安装半圆形的檐沟和雨落管，用来收集雨水。收集起来的雨水可用来冲洗厕所，浇灌绿地，或集中排入渗水池补充地下水。

德国许多生态村都采用生物技术进行污水处理，这种技术经济、高效。净化后的水作为生态村的景观用水，绕村缓缓流入村里的渗水池。渗水池的土壤下面是砂子，再下面是小石砾，由专业公司设计配制。渗水池里大多种植芦苇，处理后的污水由沙土和芦苇根须自然净化后渗入地下补充地下水。

汉堡的布拉姆维施（Braamwisch）生态村的节水工作做得非常出色。该生态村厕所冲洗用水占到生活用水的 1/3 ～ 1/2。为节约冲洗用水，该生态村住户采用一种不用水的厕所。这种厕所马桶下有一根很粗的管子直通地下室的堆肥柜，粪便在堆肥柜里发酵成熟，成为肥料。这种厕所每月只需抽一次尿液，撒一次盐和一些小片树皮以加快发酵，便可达到用水"冲"马桶的效果。

北莱茵—威斯特法伦州的奥滕豪森（Ottenhausen）村有 580 位居民，占地约 400 hm²，被欧洲各国誉为"欧洲生态示范村"。奥滕豪森村采用减少和避免雨水流失的新型排水系统，道路两旁开辟绿带，吸收的水分又回流成地下水进行再利用，增加地面雨水流量，减

■ 图 4-4 道路两旁的绿带（1）

■ 图 4-5 道路两旁的绿带（2）

少污水处理负担，补充地下水资源。利用太阳能等新技术、新能源为生态乡村基础设施建设提供解决方案（图 4-4、图 4-5）。

3）太阳能利用

德国许多生态村居民所使用的能量有 2/3 以上是由太阳能光电装置生产的电力供给。为最大限度地获得太阳能，生态村的住宅全部是长条板式的联排住宅，这在德国生态村建设中有一定的代表性。

格森喀什城的太阳能生态村约有 270 户住宅，每户住宅拥有 $4m^2$ 太阳能集热板和 $8m^2$ 太阳能光电板。对于一个 4 口之家来说这些太阳能装置能供给 2/3 以上的热水和 1/2 的电能。

太阳能光电装置也有不足，如生产的电力，贮存技术复杂，成本过高。为弥补这个缺点，德国政府采取相应优惠政策，鼓励太阳能光电装置在生态村的广泛应用（图 4-6）。

■ 图 4-6　建筑上的太阳能设备

4）屋面植被化与自然的绿化

生态村扩大绿化的重要技术措施是实现屋顶的绿化。屋顶绿化不仅扩大绿化面积，而且改善了建筑物的热工性能，起到建筑节能的作用。德国进行大量的技术研究，为使植物种植后能形成有活力的生态系统，对绿化的植物品种进行筛选，作合理搭配。此外，对屋面种植层的厚度、材料成分、构造措施进行深入的研究。屋顶绿化后，种植层有大量孔隙，下雨后能吸收约 50% 的雨水。

4.2　德国乡村的土地整理

德国通过乡村土地整理，改善农林生产条件，合理开发和利用土地资源，保护乡村自然环境和景观，促进乡村基础设施建设，使德国利用越来越少的乡村劳动力养活日益增加的工业和服务业人口。20 世纪 70 年代，德国乡村土地整理增加景观和环境保护的内容，以期通过土地整理追求经济、社会、环境效益的统一和协调。随着德国乡村土地整理内容、制度、技术、机构的完善，德国的乡村土地整理已走到世界前列。

4.2.1　德国乡村土地整理的目的

个人目的：将农户零碎的地产尽可能地连在一起，使地块适于机械化耕作，并将道路连通，根据其使用强度进行加固。

社会目的：采取适当的措施保护大自然，通过生态平衡，为子孙后代保留适于各种动植物生存的自然空间。

国家目的：通过精确可靠的数据，严格有效的行政管理，为合理的税收体制提供依据。

德国的常规土地整理适合对乡村生活及生产条件统一进行改善。常规土地整理包括：地产的合并，乡间道路的建设，水利措施和土地保护，自然及景观护理等措施。如巴伐利亚州每年约有 6 万 hm^2 土地属于整治范围，一次常规整治平均每公顷土地大约花费 2556 欧元。

4.2.2 德国乡村土地整理的措施

1）以法律为依据

德国土地整理的法律依据是联邦政府的《土地整理法》和各州据此颁布的与其配套的法律、法规和行政管理条例。德国的土地整理有利于改善农业及林业的生产和工作条件，促进土地开发和农业技术进步，对乡村地产进行重新规划和调整起到重要作用。

德国土地整理局要与当地的自然保护主管机关、农业局、水利局等合作，土地整理过程中兼顾自然保护、景观保持和生态环境等方面需要的基本原则和要求。如果土地整理对乡村生态结构的损害不可避免，必须给予相应的补偿。每个公民都有权利对公布的计划材料从环境的角度提出意见和建议。

2）注重体现生态要求

保持生物多样性。适当划分共有土地有助于永久性草地的保持。通过直接使用现有的河流和水域作为土地分界线，使岸边生长的植物不受损害并得到保持。除对有价值的自然生态因素进行保护外，德国采取适当的措施保持农田的生态价值。如把道路或水渠旁边的树木与保留下来的灌木丛或沿岸植物结合起来，作为生物群落的组成部分，或利用潮湿及干旱类型的生物群落维护当地的生物多样性，保持农田的生态价值（图4-7）。

■ 图4-7 乡村的河流

3）重视生态环境的保护与建设

德国注重对乡村河流沿岸的土地进行用途调整，在河流沿岸的土地上种植树木等，保护水源，防止农田的土壤和污染物进入河流，形成良性循环的沿河生态系统。德国土地整理具有中性生产力的特点，不再盲目追求高产量，而是把改善农业结构与具有乡村地区生态补偿功能的土地生态改良结合考虑。

4.3　德国生态乡村实例：布拉姆维施生态村

布拉姆维施生态村位于汉堡市东南部卡尔舍勒（Karlshöle）太阳能居住区内，是德国最早在新型居住区内设置太阳能集中供暖的项目之一。

布拉姆维施生态村的40户住宅呈院落围合式布置，均为2层的坡顶联排住宅。南侧的坡顶上布满太阳能集热装置，用来最大化地收集太阳能。布拉姆维施生态村采用的太阳能区域供热系统在德国并不常见，适用于短时间内完成的具有一定规模的住宅区。这种以社区层级为出发点进行整体系统设计，远比以个人住宅为单位应用太阳能，采用环保措施更为经济高效，在社区建筑外观的视觉表达上更为统一美观，且成效往往高于各个部分节能效果总和。

社区坡顶住宅的南侧屋顶满布太阳能光热转换板，由太阳能加热的热水暂时储存于地下储水库内，再通过完整的管道系统分别输送至各个住户，由住宅内置的热量转换装置，将此能量转换到住宅内部供热系统。该太阳能集热及供热装置预计为生态村居民提供50%以上的热能。

生态村的低能耗住宅以"节能"为原则。布拉姆维施生态村采用具备"余热回收"功能的通风系统，排出的空气能将其自身所带热能的70%转移给引入的新鲜冷空气，进一步节约能源。

排污处理方面，布拉姆维施生态村内的排污处理采用低端生态技术，如堆肥厕所节省马桶用水及排污管线的铺设成本，模拟自然界闭合循环的生态系统，通过生物分解和净化，加快污物养分分流，使其更快返还并呈现于大自然中。这种生物净化技术改变传统的化学处理污物的方式，通过减少相关建筑设备成本支出，在提高社区节能效率的同时降低造价，以期获得复合收益，适于小规模居住区内部的应用。

住宅内部生活用水中的厨房及洗浴部分，通过排污管道会聚到社区内部的人工渗水池。污水在垂直方向经过土壤、砂和石砾的3层过滤，最后由沙土和渗水池种植的芦苇根须自然净化，净化后的水汇入临近水域或地下水系。

布拉姆维施生态村是德国生态乡村建设的成功典范。其在太阳能利用、污水处理、建筑节能等方面的成功措施，为世界各国生态乡村建设提供可参考的科学实践经验。

4.4　德国生态乡村休闲旅游

4.4.1　德国生态乡村休闲旅游的类型

德国发展乡村休闲旅游已有近百年的历史，德国的乡村休闲旅游从形态上看，分为两大类型：

1）观光娱乐型

观光娱乐型以当地独特的人文景观和城市人所陌生的乡村农林牧副业生产过程为主。观光娱乐型常在城市的近郊或景区附近开辟有特色的果园、花圃、茶园、菜园等，游客可自己入内采摘，满足人们回归田园自然的心理。如在一些类似"农业生态园区"的现代化大型农场，游客参观当地有特色的传统农副业产品加工的生产作坊，观看传统生产的全过程。有的地方还建有配套服务的娱乐场所等，或种植许多农作物、花卉，专门喂养观赏鱼和珍稀动物，供游客观光。

2）休闲度假型

休闲度假型是利用优美的山水自然环境和不同的农林资源，是德国城市居民休闲度假的一种主要形式。德国的乡村，几乎所有地方都有教堂，许多地方还有展示当地民俗特色文化的博物馆，可让游人在回归自然的同时领略到当地独特的民俗风情。如森林、湖泊、草场、果园等风景宜人的地方均向人们提供休闲度假的各种服务（图4-8）。

■ 图4-8 风景宜人的乡村风光

4.4.2 德国乡村休闲旅游的特点

1）建设特色的生态景观

德国各地的乡村个性化特点明显。德国人善于全方位地展示当地独特的人文历史资源和民俗文化，乡村的民居住宅及公共建筑的建筑风格和样式各有特色（图4-9）。

■ 图4-9 特色的德国乡村景观

2）有效的资金管理和政策扶持

德国政府对生态乡村旅游的发展进行有效的管理。德国政府每年要下拨大量专项经费用于生态乡村旅游的促销。此外，德国行业协会也会协助管理，进行行业自律，保证生态乡村休闲旅游的质量。德国对乡村休闲旅游的质量把控极为严格，只有检验合格的农场才会颁发度假农场的认证标志，使游客的合法权益得到有效保障。

3）健全的基础设施条件

遍布全国城乡的便利交通网络是发展乡村休闲旅游的基本保障。乡村休闲旅游已建立完善的预订系统，游客通过网络或电话便可预定行程。乡村内的市政设施、旅游产业完善，使城市里的游客来到农村不会产生任何不适感，可尽情享受舒适宜人的田园度假生活（图4-10）。

4）妥善的自然环境及文化资源的保护

德国非常重视自然环境和文化资源的保护，即使是以农业为主的农村也不例外。

■ 图4-10 穿过乡村的火车轨道

德国各地乡村都将其特色人文历史资源妥善保护，并在乡村休闲旅游中应用、发展。德国乡村随处可见各类博物馆，博物馆内展示当地有名的或有特色的物品。

5) 注重生态环保意识培养

德国人对生态环保的重视已经根深蒂固，乡村也是同样。如德国生态乡村跟城市一样，对垃圾实行分类化处理，河道两边也都用石块整齐地堆砌起来，山地及零星土地都必须绿化。德国人重视对国民的遵纪守法和遵守社会公德的普及性教育。无论是学校还是家庭，从小让孩子就接受生态意识的教育，让孩子在日常生活中形成对生态环境的爱护，将环保变成一种习惯和态度。

第5章 德国生态雨洪管理技术及涵水技术

20世纪80年代末，德国将雨水的管理与利用列为90年代污染控制的三大课题之一，修建了大量的雨水池用于截留、处理或利用天然地形及人工设施渗透雨水。目前，德国已形成成熟和完整的雨水收集、处理、控制和渗透技术以及配套的法规体系，成为国际上雨水资源利用技术最为先进的国家之一。

5.1 德国生态雨洪管理

5.1.1 德国生态雨洪管理技术的发展

1）雨洪管理系统的发展现状

城市雨水利用在德国已逐步进入到标准化和产业化阶段。德国发展雨水利用技术设备的集成化，从屋顶雨水的收集、截污、贮存、过滤、回用到控制都有一系列的定型产品和组装式成套设备，各项雨水资源化技术均达到世界领先水平。德国对雨水利用设施标准及住宅区、商业区和工业部门雨水利用设施的设计、施工和运行管理，过滤、储存、控制与监测具有详细的操作标准（图5-1）。

■ 图5-1 雨水利用设施

2）雨洪管理系统的形成

德国在路面设置的洼地和渗渠等设施与带有孔洞的排水管道连接，雨水降到地面后，顺利被导入排水管道，及时补充地下水，防止地面沉降，使城市水文生态系统形成良性循环，形成一个雨洪管理系统。德国定制不同的处理方法将雨水排放再利用，解决雨水经过不同的地面会携带泥沙、树枝或者受到化学物质污染等问题。生态雨洪管理系统大大减少了雨洪暴雨径流，延缓雨洪汇流时间，对防灾减灾起到重要作用。

5.1.2 科学化的生态雨洪管理技术

1）降雨径流传输与贮存技术

德国雨水径流的传输有地下管道传输和地表明沟传输两种形式：雨水管线的功能是传输雨水和用作暂存雨水及缓解洪峰；地表明沟传输通常是模拟天然水流蜿蜒曲折的轨迹，或构筑特定的造型。

德国将雨水的传输储存与城市里的绿地、花园、人工湿地等景观融为一体。通过雨洪管理技术，对雨水储存分类：短期储存降到低洼地中的雨水。长期储存进入渗渠的雨水，经过处理后浇花、洗车、洗衣服。经过导流、储藏、再利用，雨水不但不容易造成水灾，还可补充地下水资源。

2）降雨径流过滤、控制与处理技术

德国研究开发不同种类的径流过滤器除去降雨径流中的杂质。分散式过滤器一般体积较小，安装于房屋的漏雨管下端；集中式过滤器体积较大，用于将来自不同区域的径流汇集到一起进行集中过滤。德国研制开发不同的径流控制设备提升降雨径流水质处理效果，采用与贮水设施相结合的方式，将径流贮存在储水设施中，再通过径流控制设备使径流以恒定流量进入污水处理厂。

5.1.3 生态雨洪管理示例

德国汉诺威克龙贝格（Kronsberg）城区生态雨洪管理技术的应用全面而具体，城区科学的系统规划迅速实现城市排水系统的改造、建设，有效地维护自然的水系统。

克龙贝格城区遵循"近自然"的水管理理念，把雨水当作可利用的资源。就其自身地理位置而言，克龙贝格城区是汉诺威重要的水源地之一，其地下水位一直高于汉诺威的平均水位。使用近自然的排水方式结合因地制宜的生态设计，将雨水就地滞留、下渗，最大限度地减少地表径流，使城区的地下水位保持在开发前的状态。因此，开发建设面临的关键性挑战是在水资源敏感区上建设城区，使开发后的地下水位得到保持，径流量稳定，有效维护自然的水系统。采用源头控制、局部就地滞留和下渗的方法恢复天然的水循环系统，实现可持续发展。

1）追求城市生态雨洪管理技术的可持续发展

克龙贝格城区屋顶雨水经过屋顶绿化的滞留和过滤收集后，再使多余部分进入雨水滞留和入渗系统。道路和停车场地一般都采用可透水铺装，其余经过不透水表面的降水直接进入雨水滞留和入渗系统，经过净化、存储后入渗或再利用（图5-2）。克龙贝格城区雨洪利用系统结合地形与土壤条件设计，采用一个相互连通的二级雨水滞留和入渗的网络系统。

坡地雨水绿道上的水流顺应地势，溢流汇入最低洼处的雨水滞留区中。

2）坚持生态效益和景观并重的设计理念

克龙贝格城区将雨水顺地势沿坡路在绿地中自然流淌，在设有坡道的绿地滞水区内形成幽美的溪流景观。为给予城区居民愉悦的景观体验，坡地雨水滞留绿道的设计采取增加空气湿度，减少灰尘等措施。在流淌过程中，雨水先保持在相对较高的盆地里直到充分渗透，多余的雨水从蓄水盆边缘的混凝

■ 图 5-2　透水铺装

土挡水隔板溢出，流入较低的相邻盆地中，顺着溪流蜿蜒在加固的浅滩上，跌水、喷泉等水景分布于生态廊道。位于场地最低洼处边缘的大型雨水滞留区平行于等高线设计，呈公园绿地的形式，种植当地的野草和树木，整体自然生态景观充满乐趣，为克龙贝格城区创造宜居的生态景观。

3）运用节能生态化措施，推广生态雨洪管理技术

雨水渗滤沟是针对克龙贝格的土壤入渗率低而设计的综合雨水下渗、滞留和蓄存功能的雨洪利用措施。通过雨水渗滤沟与自然状态下的排水情况相仿的设计，雨水在沟中缓慢流动下渗，降低流水速度与排水量，为城区增添一道清新自然的路边景观。

汉诺威克龙贝格居住小区是采用全新概念建设的绿色环保小区（图 5-3）。小区全部采用太阳能和风能，无外来电力供应，建筑材料全部采用新型保温隔热环保材料。在供水方面，小区利用雨水满足灌溉和环境用水需求，不足时采用自来水补充；雨洪管理采用绿地、入渗沟、洼地和透水型人行道等方式。

■ 图 5-3　绿色环保小区

5.2 德国城市雨水利用

5.2.1 城市雨水利用方式

1）最便捷的雨水利用单元——居民住宅

德国家庭雨水利用技术非常成熟，家庭雨水一般多用于冲洗厕所或灌溉绿地等。削减城市暴雨径流量，控制非点源污染和美化城市的重要途径之一是将屋顶雨水通过雨漏管进行收集处理，通过分散或集中式过滤除去径流中的颗粒污染物，将过滤后的雨水引入蓄水池存蓄，通过水泵输送至用水单元。此外，德国还将家庭屋顶花园雨水利用系统作为雨水集蓄利用的预处理设施（图5-4）。

■ 图 5-4　社区雨水利用设施

2）雨水利用的特色区域——城市居民小区

依赖水生植物系统或土壤的自然净化作用，将雨水利用与景观设计相结合，以实现人类社会与生态、环境的和谐与统一的综合性雨水利用技术是建设生态小区雨水利用系统的关键。德国社区屋顶的雨水通过雨漏管进入楼宇周围绿地，经过天然土壤渗入地下，入渗沟或洼地根据绿地的耐淹水平设计，标准内降水径流可全部入渗，超标准降水通过溢流系统排入市政污水管道（图5-5）。当雨水大于土壤的入渗能力时，进入小区的入渗沟或洼地。

3）城市雨水利用的重点对象——大面积商业开发区

德国有关法律规定新建开发区必须考虑雨水利用系统。因此，开发商在进行开发区规划建设时，大面积商业开发区建设都结合开发区雨情、水情，因地制宜，将雨水利用系统作为开发区建设的重要组成部分（图5-6、图5-7）。

■ 图 5-5　市政排水系统

■ 图5-6 透水性铺装（1）

■ 图5-7 透水性铺装（2）

5.2.2 雨水利用的典范示例

1）慕尼黑机场

慕尼黑机场将区域内屋顶的雨水收集后通过管道排入下游排水系统，将跑道、停车场及机动车道上的雨水收集，雨水进入处理系统处理后排入排水系统（图5-8）。慕尼黑机场在各机场建筑物基础之下修建排水管道系统，保证上游地下水流可顺利穿越机场建筑物，不截断上游来水的通道。在跑道与滑行道间修建地下渗水系统用以加快地面降水的入渗。

2）柏林的波茨坦广场

柏林的波茨坦广场是雨水利用的一个成功范例。波茨坦广场利用绿地的滞蓄作用储存雨水，延缓径流的产生。为增加空气湿度，改善环境，波茨坦广场利用绿地增加雨水的蒸发。广场周围设有过滤作用的雨漏管道，雨水通过管道进入地下总蓄水池，再由水泵与地面人工湖和水景观相连，形成雨水循环系统。

■ 图 5-8 慕尼黑机场排水管道系统

5.3 德国生态涵水技术

5.3.1 屋面雨水集蓄利用系统

雨水集蓄利用系统是由集雨区、输水系统、截污净化系统、储存系统以及配水系统组成，并主要用于饮用、浇灌、冲厕、洗衣、冷却循环等。德国从汇流到蓄水，再到处理再利用是一个完整的系统，每一环都不可或缺。德国屋面雨水集蓄系统硬件上的铺设，各个区域雨水、水泵的状态，管道的流量等，都设有实时监测和预警系统。集雨面主要是屋顶，屋顶材料以瓦质屋面和水泥混凝土屋为主（图 5-9）。

德国许多城市将增强路面透水性作为雨水集蓄利用的一种方式，如增植利于涵养水源的植被，减少硬质地面，在大片的森林公园、人行道、停车场等地铺设有透水性的地砖（图5-10）。

5.3.2 屋顶绿化雨水利用系统

屋顶绿化雨水利用系统的屋顶材料关键在于植物和上层土壤的选择。上层土壤应选择孔隙率高、密度小、耐冲刷、可供植物生长的洁净天然或人工材料，德国最常用的是火山石、沸石、浮石等。需要收集时，可在下部布置集水管，集水管周围可适当填塞卵（碎）石。根据当地气候条件与土壤类型、厚度相匹配确定植物的类型。屋顶花园系统可使屋面径流系数减少到 0.3，有效削减雨水流失量，改善城市环境（图 5-11）。

■ 图 5-9 屋面雨水集蓄系统

■ 图 5-10 商业区透水性铺装

■ 图 5-11 屋顶雨水利用系统

5.3.3 雨水截污与渗透系统

德国在城市中使用大量可渗透的铺装材料，以减小径流，开放的排水系统能减少下游的洪峰流量、流速和径流体积，使污染物得到过滤，增加植物的多样性，改善生态环境。道路雨水主要排入下水道或渗透补充地下水。德国城市街道雨水口均设有截污挂篮，以拦截雨水径流携带的污染物。在许多小区沿排水道建有渗透浅沟，表面覆有植被。来自屋顶和不可避免的非渗透铺装的径流雨水排入雨水渗透管(沟)，超过渗透能力的雨水进入雨水池或人工湿地，作为水景或继续下渗补充地下水，减少排水系统的压力（图5-12）。

■ 图5-12 雨水渗透系统

第6章 德国防洪减灾机制及城市安全

德国政府治水观念由过去单一修建防洪工程，转变为以保护水环境为重点的多目标综合治理。对江河采取综合治理，修建防洪工程从生态保护和环境治理的全局考虑，把工程措施与水环境、社会环境结合起来。德国将防洪减灾机制及城市安全落到实处，促进城市持续健康发展，维护社会稳定。

6.1 德国城市防洪减灾机制

6.1.1 德国城市防洪减灾措施

德国政府的治水指导思想，从重视技术防洪转为重视生态平衡，重视综合治水。德国对洪泛区的管理有具体明确的措施。

（1）德国将水量和水质纳入统一的管理体系，由环境部管理全国的水利。水管理采取统一管理与分级管理相结合的体制。

（2）德国各州有洪水预报中心、雷达测雨站点、洪水自动测报设施、通信传输设备和布局较广的数据网络。

（3）防洪设施的运用和管理均采用自动控制。针对建筑材料的选用及设备安装的位置有明确的规定。

（4）德国联邦政府提出：未来要恢复水道的自然状态；防洪必须在全流域共同进行；技术手段防洪严格限于保护人的生命和高价值财产。如巴伐利亚州有意识地将原来规则的堤防断面改为不规则的断面，将原来直线河道改为弯曲的河道，让河流保持自然状态（图6-1）。

（5）保护相关的景点和环境，禁止在洪水严重区域建设任何新工程与居民区。

（6）开辟城市较低的地区或河道两岸滩地作为调蓄洪水场所。

（7）加强蓄滞洪区内的土地管理，使所有的蓄滞洪区都能保证正常运用。

（8）将洪水预警分为四级，并广泛宣传各级风险程度和预防措施，洪水到来时，居民适时判断洪水预警危险程度，合理安排工作和生活。

（9）实例：德国科隆市是人口近百万的工业重镇，地处莱茵河下游，不断改善减灾的技术手段。采用铝制防洪活动墙和专用救灾交通船，铝制活动防洪墙轻便，易于安装，并建立常设机构——防洪中心。制定防洪条例详细条款达到2000余条，

■ 图6-1 巴伐利亚州河道自然状态

■ 图6-2 德国河道风光

详细规定各市区、部门在水位达到各种高度时的措施（图6-2）。

6.1.2 德国城市防洪减灾经验

1）制定有针对性的防洪措施和洪水预警的行动计划

德国有针对性地进行防洪规划、项目建设、抗洪抢险等，并长期执行针对洪水风险区土地利用限制而制定的各项政策法规。德国主要实施针对天然持水蓄水、工程性防洪措施和洪水预警的行动计划，确定洪泛区范围，防止这类地区的占用。此外，德国还提高降水预报水平，加强与相邻国家防洪的国际合作，重视洪水引水排水系统的维护，推进水域恢复自然化。德国政府设置环境部和内政部等机构，环境部负责管理水利业务，内政部负责抢险救灾（图6-3）。

■ 图6-3 施普雷河

2）高质量建设防洪减灾工程

德国的防洪工程建设具有明确的制度规定，其中包括：业主负责制、招投标制、施工监理制，规定在50年内堤防如果出现质量问题，设计、施工单位要承担法律责任。德国的防洪工程建设和管理通过税收获得稳定的经费来源。工程运行管理方主要有官方机构、受益地区、民间协会组织及公民。在防洪工程和设施中，由坝、闸、堤防、堰、渠道和泵站组成庞大的防洪网络，并配有先进的机械设备和性能优良的建筑材料；堤身的填筑、地基的处理、水下施工等方面手段先进。德国已开始运用活动堤坝技术，如北莱茵—威斯特法伦州在莱茵河修建堤防时均运用该技术。

3）采用多角度措施应对洪水风险

宣传部门：对洪水风险制定可靠的预警和应急方案，深入社区进行宣传。

工程技术部门：充分认识洪水风险并推行与减轻洪水影响相适应的建筑方案，考虑减少污水，使雨水就地下渗。

科研部门：研制改善降水和极端天气的预报方案及高精度洪水预报模型，提出减轻洪水新的农业用地利用形式，分蓄洪区及其边界的系统控制方法。

社会公民：培养公民具有自我承担和减少灾害损失的社会责任。

6.2 德国河流防洪减灾机制

德国的防洪堤坝和防洪墙的总长度约为 7500km，有 500 个山地水库和较大的蓄洪区，总容量约为 10 亿 m³。德国通过开发利用自然的持水蓄水功能以及工程措施，如堤坝、分蓄洪区、水库等，达到防洪减灾的目的，减少灾害造成的损失。

德国政府提出"对洪区的治理优先于对洪水的治理"。以保护人的生命为主，其次是保护好可能给周围环境造成污染的企业工厂。逐年增加森林等绿地，以恢复蓄存降水的地面面积。

德国划定主要河流洪水在安全泄量条件下的洪水淹没区，开发利用的前提是在此范围内开发对上下游洪水形势都没有负面影响，在境内大多数河流上建立洪水预警系统并投入使用。德国目前仅有少数河流从河源到河口全是自然状况。在莱茵河和易北河流域，近 4/5 的天然分蓄洪区被堤坝隔离后开发利用（图 6-4）。

■ 图 6-4 施普雷河堤坝

1）江河综合治理管理

德国重视对环境的影响，将河流的整治和居住点的保护纳入环境强制系统；修建防洪工程，将工程措施与水环境、社会环境结合，治水中给洪水保留通道。河堤上的行道采用石板及砂砾铺陈而非水泥或柏油、河堤边坡采用植草方式构筑。

2）河道原生态化

德国将水利工程规划建设与建造更加优美的环境紧密相结合，普遍采取还河道以原态的措施。河川整治均并以水体溪流自然化为主，建立湿地、滞洪池以及溪流与水塘的再自然化等措施。此外，生态滞洪池还具有生态维护及供动物栖息等功能（图6-5）。

■ 图6-5 河道原生态化

3）分蓄洪区和水库防洪

设置蓄洪区的目的是在洪水期将洪水在一定时间内拦蓄在蓄洪区内，减轻下游的洪水压力。选择适宜的建筑形式和利用方式，以减小洪水造成的损失。德国在远距离保护区设计长时间蓄水的蓄洪区，近处设计短期蓄水的蓄洪区。蓄洪区保护对象的距离与持水时间成正比。

4）洪水风险信息与保险管理

工程措施及其他措施实施后，洪水淹没风险依然存在。建设和完善洪水预报预警系统，多渠道传输和发布洪水信息。降水、水情综合预报信息通过多渠道（电话、广播、图文电视、网络等）及时传输发布。德国通过保险来平衡洪灾损失是一项重要内容。国家、个人和保险业支持的洪水防护措施在减轻风险方面各有特点，并发挥各自作用。

6.3 德国城市安全应急管理机制

1) 明确政府职责和管理模式

德国政府在制定城市建设规划时，充分考虑应急救援的需要，合理规划应急设施和力量的分布（图 6-6、图 6-7）。开展国际救援已成为展示其国际影响力的重要途径，德国政府应急救援管理模式主要采取与国际交流合作，以全球范围内灾难预防、数据分析研究为主，与其他国家采取广泛合作。

■ 图 6-6　应急救援管理系统

■ 图 6-7　应急救援管理系统

2）应急管理法规条例的保障

德国的应急法律制度主要体现应急管理的基本理念。《德意志联邦共和国基本法》（以下简称《基本法》）将德国紧急状态划分为4个层次，分别为战争状态、战争状态前的临战状态、内部紧急状态（内部叛乱、动乱等）、民事紧急状态（包括自然灾难和特别重大的不幸事故）。

3）完备的医疗服务体系及疾病预防机构

德国重视预防保健工作，拥有完备的疾病预防机构（图6-8）。德国法律对医院消毒隔离及传染源的管理严格，收治传染病人的医院均有专门设置的诊室和专用的通道，严格隔离以避免交叉感染。住院病人出院后，将病人使用过的被单、衣物、病床进行高压消毒。在血液采供中心及各级各类医院的诊疗场所，实施科学严格的消毒隔离制度与措施。

■ 图6-8 医疗服务体系

4）应急救援网络中的骨干力量

德国消防队可分为职业消防队、志愿消防队和企业消防队。职业消防队由直接从事灭火和特殊技术救援的政府官员、职员组成；志愿消防队的队员都是兼职，是完全自愿、无偿地从事消防救援工作；企业消防队是由单位组建的保护企业自身安全的专业组织，紧急情况下，也接受政府调遣。此外，德国技术援助网络在救灾时应用广泛，减少灾害造成的损失，保障灾区的水、电供应以及各种必需物资的运输、供应等。

5）应急调度指挥系统的灵活运用

为了提高应急管理体系的自主性与高效率，应急指挥系统分成两个应急指挥中心：行政指挥中心和战术指挥中心。两个中心通过协调小组进行沟通协调。德国应急救援体系的运行是建立在联邦与州政府的统一规划、协调和指挥基础上，在危机处置时，两个指挥中心有效沟通且相对独立。危机发生后，以联邦和州的最高行政长官或内政部长为核心的应急指挥小组紧急启动，有关部门以及专家参与决策指挥，统一调动政府及社会各界力量。

6）民间组织的广泛参与

德国民间组织参与现场救援，对受害者开展精神护理和心理辅导，并设有众多分会，会员遍布全国。德国法律规定，适龄青年须服8个月以上的兵役，但如果参加6年的志愿者服务即可免服兵役，在法律上保证了志愿者队伍充足的来源和较好的稳定性。若志愿者在工作时间参加培训和救援，工资由政府支付。

第7章 德国生态农业

德国是一个农业强国，农村地区占全国国土总面积的29%，农业人口约占总人口的12%。1984年，德国政府就根据经济发展和环境保护的要求，发出大力发展生态农业的倡导。在政府的支持以及当地企业与人民的积极配合下，德国已经成为当今世界生态农业发展最快的国家之一。

7.1 德国生态农业概况

7.1.1 发展模式

德国国土面积35.7万km²，约一半用于农业生产(图7-1)。作为一个高度发达的工业国，德国的农业生产效率非常高，具有环境亲和力。德国大幅提高农业生产力，注重生态发展，走生态农业的路线，使农业可持续发展，形成独具特色的"农业人才培养—现代农业—生物多样性"的成功模式。

■ 图7-1　德国农业用地鸟瞰

1）农业人才培养

德国农业以家庭化经营为主，以家庭为单位形成小农场的经营模式。这种经营模式有利于保持和维护现有的价值观，保持德国一贯的农业传统。德国农业企业与职业学校达成合作，农业职业教育为德国农业输送大批高技术人才，使农业企业始终保持活力及先进性。

德国的农民教育形式分为两种：一种是通过正规大学或专业院校培养农业专门人才，另一种是通过职业培训和进修达到国家对农业从业人员的资格要求。此外，成人教育主要包括农学、家庭经济学、普通教育、社会政策以及文化方面的课程。

现代农业职业教育为德国生态农业发展起到重大作用。德国的农业职业教育是职业学校和培训企业共同承担学生的学习和实习活动，即奉行企业与学校联合培养的双轨体系，拥有全方位培养人才的教育意识，改变传统的只进行固定技能培训的刻板学习模式。

德国农业职业教育另一特色模式是模块化培养模式。它的质量控制是基于企业和工作岗位的框架需求，使教育紧贴需求，无需作进一步的调整，在时间和内容上脱离单一的质量控制体系。模块化教育能有效贴合新构架与组织模式。如果政府层面的联合介入与设定的预期目标超越了现行体系，不具有可行性，模块化培养模式还可以在理论上予以否决，以保持农业职业教育的可持续性与可接受性，使实际教学不受影响，达到最佳效果。

2）现代农业

德国半数土地用于农业，但农业人口仅占总人口的12%，农业产业以年递增约3%的速率保持稳定增长，农产品可满足德国的市场。德国这种"小投入，大收获"的特色与其农业的高度现代化密切相关。德国政府重点采取三大措施来实现农业现代化。

第一，重视农业合作社建设。农业合作社在德国农业生产中占据举足轻重的地位。早在1867年，德国就制定了第一部《合作社法》作为其法律规范，此后又经多次修改完善。德国有些合作组织很大，如德国畜牧协会等，其会员遍及全国。农民参加合作社从中可获得较大的经济利益。许多合作社都加入到地区性合作社联盟、专业性合作社联盟和全国性合作社联盟，联盟之间可互通情报，了解市场动态。

第二，实施农业支持政策。德国农业的高度发达离不开政府的长期支持。农业政策是对农业实施高度的扶持和保护，力图在维持现有产业结构和经营模式的条件下，提高农业生产者的收入。农民从欧盟、联邦和州获取津贴，政府也通过津贴对农业的发展采取干预措施。

第三，大力发展生态农业。生态农业区别于传统农业，既要发展生产，又要保护环境，维持农业生态系统的良性循环。德国大力发展生态农业，坚持生态农业的路线，使农业可持续发展，始终走在世界前列。

3）保持生物多样性

通过农业与林业活动，德国形成具有鲜明地区特色的耕作环境，即在耕作环境与原始环境中保持丰富的生物多样性。广大乡村生存着德国大部分现存的动植物，约72000种。德国具有丰富生物多样性的土地类型，拥有草场群落生存环境，即草场与牧场（图7-2）。这些物种的潜在功能对与农业息息相关的气候变迁发挥重要作用。同时，在草场、牧场等环境生长的众多绿色物种影响动物食物的健康性及野生植物的多样性。

■ 图 7-2 草场生存环境

7.1.2 发展原则

德国农牧业生产曾一度只追求规模化集约经营，这种生产方式，虽有利于提高劳动生产率，但给环境带来不可忽视的负面影响，如森林减少、土地退化和水体富营养化。为了改善此种情况，德国政府通过一系列生态措施实现农业生态系统内闭合循环，防止土地退化，增加农作物品种，并使农业生产不再单纯追求产量和扩大耕地面积（图 7-3）。在确保

■ 图 7-3 农用地上种植的不同作物与植物

农业基本自给的前提下，应用生态化、环保化的耕作和畜牧方法，避免由于外源物质污染或经营措施不当而造成对农田内外群落的破坏，保护风景名胜和景观，且注重对天然生物品种资源，特别是生态方面有价值群落的保护。

推动生态农业发展的过程中，政府按照欧盟的标准给予农民适当补贴，充分发展民间组织在生态农业中提供咨询、产品认证和促进消费的作用。德国目前大约有 8 个生态农业协会。

生态农业促进联合会就是其中的成功代表之一。其成员的共同行为准则：每个生态种植单位把自身看作是其所处生态环境中的有机组成部分，保护好自己生存环境里的生态平衡，用农家肥料增强土壤肥力，用生物方法来防治作物的病虫害，自己饲养家畜，自己种植饮料作物或牧草，注意轮作，一块土地里不连续种植某一种作物等。

生态农业促进联合会成员的准则，也是德国生态农业原则的一部分，如不使用化学合成的除虫剂、除草剂，使用机械的除草方法；不使用易溶的化学肥料，使用有机肥或长效肥；利用腐殖质保持土壤肥力；采用轮作或间作等方式种植；不使用化学合成的植物生长调节剂，并控制牧场载畜量；动物饲养采用天然饲料；不使用抗生素与转基因技术。

德国要求生态产品必须符合"国际生态农业协会"的标准。生态企业不使用化肥和农药，产品产量虽有所下降，但生态产品价格远高于传统农产品，企业总利润及人均收入仍高于传统农业企业。

7.2 德国生态农业特点

1) 科学、合理的生态农业产业结构

德国农业经历了一个由分散经营逐步向集中经营转变的过程。从 1949 年起，德国政府把土地合并工作作为发展农业的一项重要措施，每个州及下级政府都设有专门的土地合并行政管理部门，每年有专门的预算进行这项工作。

德国坚持用法律、经济等多种手段，调整优化农业结构。优化产业结构逐渐形成特色，农场规模不断扩大，农业劳动生产率不断提高。

德国的土地合并工作从传统意义的土地合并与调整转向农业环境保护、土地绿化、生物多样性保护及乡村公共休闲地（乡村公园）的建设，如修建道路的同时，规划种植农田防护林带，以利于生物的迁移与繁殖，保护生物多样性。

2) 严格、高效的生态农产品监管措施

德国政府对食品安全的问题高度关注，在加强生态农业建设，发展绿色食品、无公害食品和有机食品方面，德国政府采取强有力的政策手段。德国生态种植业联合会认为，各个生态农业必须保护自身生存环境的生态平衡，用农家肥增加土壤的肥力，用生物方法防治农作物病虫害，化肥、化学农药和除草剂等均列为禁止项目（图 7-4、图 7-5）。

德国加强标准化基地建设及监督检查，实行市场准入、质量追溯等制度，对农产品及食品的生产、加工、销售进行全过程监控。采取有力措施，培植许多绿色、无公害、有机食品等著名品牌，形成大规模的生产基地，壮大生态食品产业。

德国约有 16 家州监管局负责管理批准的民间检验所，以检验生产加工过程为主，成品检查为辅。采取抽样调查形式，调查中如有可疑，则进行土壤和植物检查以及残渣分析。

■ 图 7-4 农田里的玉米

■ 图 7-5 生态农田

被查出有可疑项的生产商和加工商必须对产品的原产地、加工流程等进行翔实的说明，产品数量以及卖出处均须向监管部门出示书面记录，保证生态产品的来源有迹可查。

3）政府的大力支持

德国生态农业的发展得到政府的大力支持。德国农业在政府的政策和财政的大力扶持下，生产效率稳步提高，农产品自给率、农业科技含量、机械化程度及农民收入也逐年提升。

为保护生产者的利益，扶持农业，德国政府长期为农业提供补贴，补贴的金额持续增加。但补贴方式和补贴方向逐渐由刺激产量增加转向注重农产品质量安全、区域发展、环境保护和改善生产生活条件等方面。

此外，在政策的支持下，德国及欧洲农业加快转型，正在逐步转向农产品质量安全、生态农业、能源农业、非农产业等4个方面，生产能力和质量不断提高。

4）重视农业培训力度与农民素质培养

2002年，德国开始制定生态农业联邦项目，从国家财政预算中拿出大笔专款发展生态农业。相关部门将政府提供的专款投入到宣传教育、科研开发，以及科学技术向应用转化等项目。

加强农民教育培训的主要措施：教育农民掌握一定的专业知识和生产技术，培养家庭农场经营者、农艺师和农业技术员，培养高级农业技术和管理人员以及大学本科以上学历的农业人才。为更好地发展生态农业，德国将培训农民有关专业知识和掌握生产技能作为培训重点。

7.3 德国生态农业补偿

德国生态农业补偿是德国政府为更好地发展生态农业而采取的重要战略之一。德国和欧盟农业环保法律法规及农业生态补偿政策的实施，使农业生态环境得到明显改善。德国生态农业补偿包括3项有机农业、粗放型草场使用和多年生作物禁止使用除草剂。

具体补偿方式分为3种：

1）直接补贴。1992年开始实行，作为降低价格的补偿。

2）生态补贴。从事生态农业经营者与传统型农业经营者相比收入水平较低，德国对于企业从传统型向生态型的经营转型制定严格的规定，按规定进行相应的补贴。

3）其他补贴。如德国对全国耕地实行土地面积10% ～ 33%的休耕政策，每公顷休耕土地有相应补贴。

德国生态补偿已形成独有的特点：一是政策的实施主要是通过补偿；二是补偿的方式基本上都是政府通过某一项目的实施支付给农场主，并且该项目具备一定延续性；三是补偿与相应的环保措施相关，且这些环保政策均为实质性环保措施；四是保护项目的实施是通过政府与农户达成协议的方式实现。

德国生态补偿的顺利实行离不开德国政策法律的保障与支持。德国农业有一套较完善的法律法规，一般农产品种植必须遵循的法律法规约有8个，包括《种子法》、《物种保护法》、《肥料使用法》、《自然资源保护法》、《土地资源保护法》、《植物保护法》、《垃圾处理法》和《水资源管理条例》。此外，《生态农业和生态农产品与食品标志法案》、《生态农业法》等法律法规均为生态补偿的顺利实施及生态农业的发展提供保障。

7.4　生态发展范例：慕尼黑"绿腰带项目"

"绿腰带"项目是德国慕尼黑政府在郊区实施的休闲创意农业项目。此项目区别于一般农业项目，着眼于"生态"，让"绿腰带"地区的农业用地在保持农业特性的同时，赋予该地区的农业与未来相适应的形式，在其农业、休闲、自然保护等功能之间建立一种均衡、和谐的发展关系。

"绿腰带"指的是慕尼黑城市外围没有覆盖建筑物的土地，是连接慕尼黑城区和相邻乡镇的地带。作为德国第三大城市，慕尼黑以其独特的人文景观和田园风格在国际大都市中独树一帜，其所实施的"绿腰带"项目的主要目的是在发展生态农业、加强环境保护的同时，利用郊区农村的生产、生活、生态资源，大力发展生态创意农业。

慕尼黑市政府和郊区的农民们一起制定了一系列生态农业的行动方案：

1）干草方案

保护性使用"绿腰带"地区土地的一个典型做法。市政府鼓励农民保留布满鲜花但却正在不断减少的草地，农民们通过把草地上的干草分成小包装卖给城里的小动物饲养者，以获得更多的收入。此项措施既保护水源和土地，也无需过多的照料与维护，还可以给人以视觉上美的享受，是非常生态且可行性极高的方案。

2）菜园方案

长久居住在大城市的居民大多都有回归自然的迫切愿望，而菜园方案便是满足这个愿望的绝佳途径。"绿腰带项目"实施后，"绿腰带"上的农民可将自家的菜地分出一部分租给城里人，满足城里人的需求，并为农民带来一定经济上的利益。

此方案从 1999 年开始实施，目前在"绿腰带"有 10 块这样的地方，提供超过 500 个小菜园。为保障生态和谐，"绿腰带"上的菜园每年只出租半年。在 5 月中旬之前，土地的翻耕、播种等前期工作都由专业人士来完成，以保证正确的种植间距和最优化的种植安排。出租者于每年的 5 月中旬接管菜园。在蔬菜的种植过程中，矿物肥料和化学保护剂是绝对禁止使用的。

3）森林方案

慕尼黑郊区拥有约 5000 hm^2 的森林，发挥着蓄水、防风、净化空气及防止水土流失的功能。"绿腰带"因此被称为慕尼黑的"绿肺"，为城市提供清新的空气。它不仅是环境保护的重要力量，也是人们理想的休养之地。慕尼黑在保护森林的同时，还开发出森林的科普和环保教育功能（图 7-6、图 7-7）。学校

■ 图 7-6　慕尼黑郊区的森林（1）

■ 图7-7 慕尼黑郊区的森林 (2)

和幼儿园经常组织孩子们来到"绿腰带"上的森林里游览学习，让孩子更加深入、生动地了解自然，了解生态。在这里，人们可以切身感受到人与自然和谐关系的重要性。

1996年，慕尼黑市政府决定在郊区的农村建立自然生态区，通过高强度的粗放型经营措施和重新自然化的手段来建立群落生境组合。"绿腰带"上的"爱舍丽德苔藓区"是其中的代表之一。爱舍丽德苔藓区原是慕尼黑西部的低地沼泽带，决定在此建立自然生态区后，对这块区域实施重新自然化。从风景保护和自然保护的专业角度来提升这一区域的价值，使其与市政府的物种保护和群落生境保护计划吻合，发展重要的群落生境组合，使这块湿地的面貌得以保存，重新获得生命力。

"绿腰带"地区的农民采取很多措施保护野生物种和群落生境。如当地农民发现高大的杉木不适合低地沼泽区的土地，给当地土地的其他植被造成了严重的负面影响，农民便与相关部门协商，最终将杉木迁移远离低地沼泽区。此外，农民们改变原来的经营方式，增大土地面积，对土地进行粗放式的经营。过去的密集型经营虽然提高了农业生产的效率，但却破坏了当地的生物多样性。改为粗放式经营后，当地的许多"土著"动物渐渐重新回归，生物多样性得到保障。

慕尼黑的"绿腰带"项目，不仅仅是一个休闲创意农业项目，更是德国农业绝佳的生态体现。它为人们展现了一个先进的值得借鉴学习的生态农业模范。

7.5 生态与现代农业紧密联系

德国是世界上积极发展现代高效生态农业并普及应用最广泛的国家之一。德国政府在发展现代农业的同时，积极保证生态环境不被破坏，促进现代农业进一步朝着资本化、企业化、规模化、集约化、社会化、信息化、生态化的方向发展。

德国现代高效生态农业的核心是促进有竞争力和可持续农业发展，除提供农产品外，更重要的使命是保护自然资源和物种多样性、地下水、气候和土壤，促进生态平衡；美化乡村景观，为人们提供舒适的生活、休息场所；为工商和能源部门业提供原材料，等等。

德国认为只有正视生态与现代农业的关系，才能更好地发展农业，使农业始终走在可持续发展的道路上。

绿色能源农业是生态与现代农业紧密联系的最佳体现。20 世纪 90 年代初，德国科学家发现可从一些农产品中提取矿物能源和化工原料替代品，实现农产品的循环再利用，这些生物质能源和原料是绿色无污染的。德国科学家对甜菜、马铃薯、油菜、玉米等进行定向选育，从中制取乙醇、甲烷，成功研制出可再生的绿色能源；从菊芋植物中制取酒精；从羽豆中提取生物碱。油菜籽是德国目前最重要的能源作物，不仅可用作化工原料，还可提炼植物柴油，代替矿物柴油作为动力燃料。

德国是在全球最早实施"能源农民"概念的国家。德国政府每年拨专款用于发展工业作物种植，全国工业作物种植面积占总耕地面积的 20%，为化工、造纸等工业部门提供相当一部分原料，生产天然黏合剂、洗涤剂、染料、生物柴油、沼气等。一些土地资源较为宽松的联邦州，"能源农民"大面积种植超高蛋白含量的能源草品种。这种能源草品种可以饲养牛、羊、兔、鹅等草食家畜，而家畜粪便加上多余能源草或直接将能源草粉碎进入沼气池发酵，可产生沼气，沼气发电入网及热电联供，沼渣、沼液用来给能源草施肥。每个环节都秉持"物尽其用"的原则，农民可以将自己种植的作物供应到许多领域，既生态环保，也可获得一定的经济效益。

德国以农业为基础的新兴绿色能源行业初具规模。新能源农业不仅扩大了传统农业的范围，而且为节能减排和可持续发展提供了切实可行的新思路。为农业带来可观的收益，进一步提高农业在绿色工业中的作用。

第8章　德国矿区及土地生态修复

二战后的德国虽创造了"经济奇迹"，但也付出沉重的环境代价。德国鲁尔区等大型工业区为了追求高产，开采大量矿区，给周围生态环境造成严重恶果。随着社会的发展与进步，德国人民要求恢复生态的呼声越来越高。矿区及土地生态修复开始成为德国可持续发展过程中的一项重要任务。

8.1　德国生态土地建设

生态土地建设是德国土地生态修复过程中的重要任务之一，是体现土地良好生态状况的重要保障。凭借多年的生态土地建设经验，德国总结出一套科学、完善的生态土地建设措施体系，以保障其建设工作的稳步前进。

1）采用政府主导、企业参与的合作方式

政府主导、企业参与的合作方式充分发挥出民间政治和经济力量在生态治理过程中的积极作用。如治理莱茵河的过程，便是采用这种合作方式，德国政府充分调动莱茵河两岸居民发挥知情权和收益权，要求两岸的居民和企业强制入股，成立股份制管理机构，对所属河段的大坝安全和附近生态环境负责。政府负责常规工程投资，股份管理机构负责日常维护，所属企业根据"谁污染，谁负责"的原则支付治理费用（图8-1、图8-2）。

2）注重科技运用

德国将科技投入到土地生态建设中，最具代表性的是其完善的生态监控网络。通过卫星、飞机、雷达、地面和水下传感系统，建立遍布全国的生态环境监测体系，对气候变化、土壤状况、废弃地、空气质量、降水量、水域治理、污水处理和下水道系统等进行实时监测。企业排污口设置传感器和实况录像系统，任何人都可以通过电脑、手机等工具随时查看各种数据，参与生态环境

■ 图8-1　莱茵河（1）

■ 图 8-2　莱茵河（2）

监测和管理。如鲁尔地区所在的北莱茵—威斯特法伦州共设有 70 个空气监测站，检测结果即时公布，任何人都可以随时通过网络查询大气中可吸入颗粒物和氧化物等污染物的含量。

3）建立生态补偿和平衡机制

生态补偿和平衡机制既满足居住区居民与从事农业活动的农民的合理需求，又满足周围居民拥有必要的绿地和其他生态景观空间的迫切愿望。《联邦自然保护法》和《建筑法全书》中都作出相应的规定,对于居住区内自然景观维护采取 3 种措施,分别为"规避"、"平衡"和"补偿"。"规避"措施是指尽量做到避免对环境的不利影响，将不利影响减小到最小。"平衡"措施是指对于无法避免的不利影响，通过居住区建设，将其逐渐消减。"补偿"措施是指居住区本身无法根除对自然和景观的破坏，只有通过周边环境的改善，提高整体空间的生态质量。

农业生态补偿机制侧重于调控农民改变生产方式，使他们采用环境友好农业生产技术，保障农产品质量安全和农业生态环境。生态产品市场售价高出传统型农产品的部分，不足以弥补生态农业经营者较高的投入成本，生态型农场的收入水平一直低于传统型农场。实现生态农业发展目标，需要对生态型农场实施必要的经济补贴，这部分补贴被称为生态经营维持补贴。若一个农场被确定为生态型农场，便可每年都获得生态经营维持补贴。对于不适宜农业生产并造成水土流失的土地退耕还林（草），补贴年限最长可达 20年（图 8-3、图 8-4）。

■ 图 8-3　生态型农村

■ 图 8-4　草场

4) 重视公众参与和民主决策

德国公众的参与权与决策权受到政策保护。德国土地整理法对公众参与作出明确规定：土地整理的执行单位是参加者联合会，由土地整理区域内的全部地产所有者和整理期间的全部合法建屋权人共同组成。此外，还有乡镇政府，农业、环保、水利等政府部门和环保协会、农业协会、农村发展协会等各种公共利益的代表机构的参与。同时，还明确规定公众参与土地整理的组织设置、参与规模、参与形式、参与步骤，要求对土地整理立项，进行土地估价，编写权属调整方案和土地整理方案，且均要向社会公告，征求参加者和相关部门的意见，保证公众参与的合理性、合法性，使土地整理活动最大限度地达到公平、公正。

8.2 矿区污染土地治理

1) 土壤修复

德国土壤修复的理念：保护土壤的特殊功能，对不同功能的土地，区别对待。根据土地的特殊功能和风险等级，采取不同措施清除污染，并实行污染责任追溯制度。

德国主要采取 3 种措施综合应用治理土壤污染：

(1) 净化污染源：如把污染土壤挖出来处理。

(2) 隔离封闭：如把污染物固封，避免污染地下水或者空气。

(3) 保护与限制：如限制人群接近污染源；政府相关部门为污染治理企业提供治理手册，给予指导；没有资金或者不需要立即处理的污染场地，要将其单独隔离，进行跟踪监测。

土壤修复需要高额的费用，仅由政府承担会给政府带来沉重的经济负担，使修复实行效果受到影响。针对这个情况，德国秉持"谁污染谁付费"原则。一时找不到污染制造者的土地，先由政府垫钱修复，找到污染制造方后，由污染制造方支付全部费用。如果污染制造方拒绝清除其对土壤造成的污染，监管部门将会根据法律给企业罚单，由法院执行处罚。

对一些历史遗留的污染场地治理，德国政府给予的补贴仅用于防止污染风险扩散、土壤保护部门确定的措施。政府主要解决两德统一前遗留下来的污染问题，污染场地治理费用绝大部分由污染制造方自己承担。如果污染制造方无力治理，向政府提出申请，获得批准后，修复费用的 90% 由联邦政府和州政府共同承担。

2) 修复工作的前期准备

德国矿区污染土地治理的前期工作包括：开展土壤监测，排查、筛选有污染嫌疑的土地，建立污染场地数据库。

开展土壤监测：德国各州都对土壤进行长期监测，全国共有 800 多个监测点。联邦与各州政府设立土壤污染调查小组，根据土地的用途，如森林用地、绿化用地、耕地以及特殊用地等，对土壤进行监测，随时了解土壤特性的变化信息，观察土壤发展趋势，评估治理措施是否有效。

排查、筛选有污染嫌疑的土地：对所有怀疑可能受污染的地块进行登记，对潜在的污染源、以前的厂区以及废料堆放地展开预备性调查，对污染场地进行风险评估。根据评估结果，对重点污染地块进行详细调查，内容包括污染物类型、浓度，污染物对人体、动植物、水环境、土壤、大气以及文化资产等潜在的危害。通过情景模拟，开展土壤修复研究，制定技术方案。制定污染治理与土壤修复规划并实施。

建立污染场地数据库：数据库中存有污染地区翔实的调查结果，所有与土壤保护相关的州政府部门均可使用这个数据库，下一级地方政府也可查找属于本地区的污染场地情况。通过这个数据库，可以对全州土壤保护进行有效的动态管理。

3）法律与政策支持

德国对土壤保护的法律框架建设极为重视，联邦与各州政府都有关于土壤保护与污染场地治理的专门法律和相关法律。法律为土壤保护、污染场地治理提供依据，相关机构为土壤保护与污染治理提供指导和咨询。

德国制定了《联邦土壤保护法》、《联邦土壤保护条例》和《联邦工业废地处理条例》等法律法规。这些法律对土地使用者预防风险的措施及强制性义务，施加于土地上的各种材料的性质及其风险的预防与控制，土壤监测以及土壤保护的具体要求，风险的评估等作出规定。各州政府依据联邦法律制定自己的法律。除专门法律之外，其他一些法律也有关于土壤保护与污染治理的条款。这些法律为解决土壤保护以及历史遗留污染问题提供了重要支持与帮助。

为给土壤保护和污染场地治理提供指导和咨询，德国联邦政府在环保部长会议下面设置一个联邦/州土壤保护工作组，下设3个委员会，分别负责法规制定、预备性土壤污染调查以及历史遗留污染调查。联邦政府环境局下面设置专门负责土壤保护的机构；各州成立土壤保护委员会，成员为来自高校及研究机构的专家，他们出版一些小册子进行宣传，并提供政策和技术咨询。

8.3 矿区污染土地治理实例

1）德国鲁尔区土地治理

鲁尔工业区是德国经济发展的一个核心区，位于德国西部莱茵河下游支流鲁尔河与利珀河之间的地区。随着资源的开采、环境的恶化，鲁尔工业区的矿区开始实行生态修复。其中，首要解决土地污染修复问题。

为了矿区土地生态平衡的可持续性，德国矿山开发企业在生产经营的同时，为矿山寿命结束后的土地整理作准备，如提取土地修复准备金，准备金不足时，矿山开发企业要及时补足，这笔钱也用在矿山存续期间，应对各种环境灾难。

德国政府认为一个企业的环保责任与企业责任同等重要，如一个煤矿企业2008年经营结束，其环保责任必须承担到2037年。矿山经营方想要终止经营，必须完成对毁坏土地的整理后才可向管理机关提交终止申请。土地的整理可以是该企业完成，也可以由其他公司完成。矿务管理局接到终止申请后会派人审查，对土壤和水源进行检验，评估各项指标是否合格，若一切指标均合格，矿务管理局批准矿主终止经营活动，否则，该矿主需要继续投入资金进行修复，直至土地整理后一切指标均达到标准为止。

德国污染土地修复工作极为科学、严谨。将受污染的土壤集中堆放，在上面铺设塑料密封层，防止雨水冲刷，之上覆盖从别处取来的土壤，最上面一层进行绿化。通过验收后，再把它改造成建材市场和物流园。矿山设备原地保留，作为历史遗迹留存。

2）鲁尔区煤矸石山的改造

鲁尔区的煤矸石山是鲁尔区矿区土地修复的重点对象之一。鲁尔区煤矿开采每年大约产生 1770 万 m³ 的煤矸石，其中超过 1400 万 m³ 只能露天堆积，占用大量耕地，对周围环境和地下水造成严重污染。为解决此问题，德国相关部门制定了严格的治理流程。

煤矸石山的选址要企业与地方矿山管理局协商，并获得批准方可实施。堆积方案要依据矿山监察部门对煤矸石山的堆积、绿化、地表水、地下水的保护，堆积物的性质、安全性，以及对周围气候的影响等方面的规定来制定。堆放施工中要制定出矸石山的外形、结构、工艺和安全技术措施，使矸石山与周围环境和谐统一，并为进一步绿化打基础，矸石实行分层堆积，最底层的地表层要通过压路机碾压夯实，目的是减少矸石山内的 O_2 含量，防止矸石山自燃，使水不渗到地下，保护地下水。

地方法规规定，被破坏的土地应立即恢复原貌，其过程包括地面勘察，确定补救措施以及复量种植的可能性。泥土与细矸石混合堆在矸石上，形成人工土层后对其施肥，保证养分齐全。矸石山表土层形成以后，先种草，再植树。草皮对矸石山起保护作用，防止其表面被风蚀，并先形成腐殖质层。经过一系列科学的修复工作后，土地基本可恢复良好生态状况，继续作为肥沃的土地供人们生产、生活使用。

8.4 德国矿区景观生态重建

矿区景观生态重建不仅是将损坏的景观恢复到原有的和谐状态，而且要重建良好的矿区环境，使新的景观在许多方面相似甚至优于开采前的状况。

德国的《联邦矿产法》对景观生态重建作出详细定义："重建是指在顾及公众利益的前提下，对因采矿占用、损害的土地有规则的治理。"重建并不是将土地恢复到开采前的状况，而是建设为规划要求的状况。

德国有丰富的矿区景观生态重建经验，其中政府的支持、科学的规划控制体系以及先进的技术手段都是其成功的重要因素。

1）政府支持

景观生态重建离不开政府的法律政策支持。如德国《联邦矿产法》对国家的监督权，矿山企业的权利和义务，受到开采影响的社区，其他机构和个人的权利及义务，取得矿产资源的勘探、开采和初加工等采矿活动许可证的条件等都作出规定。其他法律还有《土地保护法》、《林业法》、《大气保护法》、《水保护法》、《垃圾处理法》等，都对景观生态重建提供有力的法律支持。

2）规划控制体系

德国规划控制体系包括褐煤规划及企业规划。褐煤规划是基于州规划法起草，根据州规划法，褐煤规划必须符合州规划的基本原则，并将联邦空间规划和州规划的目标作为基本目标。规划草案完成后，交公众讨论，褐煤委员会对公众的意见和质疑作出解释，必要时对规划草案进行修改。此后褐煤规划交由州规划委员会同相应的专业部门及联邦议会的专业委员会审批。审核批准的规划自公布之日起生效并具有法律效力。区域内其他规划不得与褐煤规划相悖。

企业规划主要对重建的具体实施负责。企业规划由采矿企业根据褐煤规划进行编制，并报上级专业主管部门审批。企业规划包括整体规划、主要规划、特殊规划和结束规划等。只有结束规划获得批准后，才允许企业对褐煤进行开采。

3）技术手段

德国采用最先进的技术手段为矿区景观生态重建提供技术支持。采掘机、运输皮带及推土机，组成露天矿区完整的采运系统。不同的矿层被分层开采，分皮带运输，使伴生矿藏得到开发和利用，同时表土层也被单独剥离，在保证土质不变的前提下，被重新利用。

8.5　矿区生态恢复——以莱比锡矿区为例

莱比锡矿区位于德国中部，以生产褐煤为主，是德国三大煤矿基地之一。近年来因煤改气发展迅速导致对煤炭需求下降，目前除少量矿坑继续开采外，其余矿区停产并亟待重建生态景观。

联邦政府针对新老矿区的不同情况，采取相应解决方法。对于历史遗留的老矿区，联邦政府专门成立矿山复垦公司专司此项工作，复垦所需资金由政府全额拨款。

根据《联邦矿产法》的相关规定，新开发矿区业主必须对矿区复垦提出具体措施并作为审批的先决条件，预留复垦专项资金，数量由复垦的任务量确定。此外，还需对因开矿占用的森林、草地实行等面积异地恢复。政府每年派专人到矿区进行检查，确保复垦工作落到实处。

德国重建生态景观有严格的环保要求和质量标准。如对露天开挖出来的表土层和深土层要分类堆放以便复垦，并确保复垦后能迅速恢复土地生产力；矿水抽出后不得直接排入河流或湖泊，必须经过人工芦苇湿地生物处理后才允许排放；矿区要对周围的地下水位负责，矿坑恢复为人工湖的要负责管理 100 年；复垦为耕地的土地要种植作物 7 年并变为熟地后，才予验收，等等。

经过一系列生态恢复措施的莱比锡矿焕然一新，莱比锡矿区现今已成为模范生态区。

第 9 章 德国生态专家介绍

德国人以做事严谨、认真闻名于世。德国人将这个优点淋漓尽致地展现在生态领域。德国诸多生态专家将"生态"视为世界的主题、生命的主题，用自己的学识才能，将生态由抽象概念转化为实体作品，向世界展现出丰富多彩且精妙绝伦的生态实例，让人们对生态有更深一步的认识与理解。

9.1 生态建筑大师——托马斯·赫尔佐格（Thomas Herzog）

托马斯·赫尔佐格是德国著名的建筑师和建筑学教授,曾获得德国建筑界的最高荣誉——德国建筑学会金奖。他将技术和艺术完美结合，同时对生态、环境等负有深深的使命感，以关注技术、注重生态的建筑设计享誉世界。他在设计、教学、著作以及与其他建筑师进行的合作中，强调生态，体现生态。他的太阳能应用研究成果得到专家及同行的高度评价。

当今，可持续发展成为世界关注的焦点，托马斯·赫尔佐格的研究及设计作品显示出其远见卓识。他认为："生态建筑并不是简单的绿化加阳光，其真正的意义在于节省资源、能源和保护环境。"

9.1.1 生态设计理念

托马斯·赫尔佐格设计的作品，无论是小型住宅还是大型展厅，都出色地体现着生态理念。他始终坚持"从生态到建筑，从技术到自然"的原则，从不将自己的创作愿望强加于环境之上，而是遵循生态环境的变化过程与循环，关注建筑与周围环境的协调，让人类、建筑与自然三者和谐相处。

托马斯·赫尔佐格曾参加中国北京举办的第 20 届世界建筑师大会。他在会上作了题为"建筑与能源——回归根源，迈向起点"的报告，表示："建筑师是一个复杂的系统，一个完整的统一体。如果希望在将来的建设原则中继续保持建筑的文化特征，在现有的建筑群落中继续发挥建筑的文化特性，就应该从结构和美学两方面入手，将新型太阳能技术融入建筑设计，使其成为建筑设计的重点。"

托马斯·赫尔佐格十分注重建筑的选材。他主张从生态角度出发，保持开放的思想，根据地域文化、历史文化进行材料的选择。他擅长运用新材料、新构件、新系统，通过对新材料、新构件、新系统和合适的设计工具的发展给予建筑设计活动更大的自由，并最终达到建筑与自然环境的统一协调，以及建筑自身的可持续发展。他常研究和开发更新、更生态、更合理的材料、构件和系统，并对旧材料的性能进行改造和改进，挖掘其潜在性能。不论"新"或"旧"，只要符合建筑与生态和谐关系，均可以运用到他的建筑设计中。

建筑物的节能程度、技术的精确性和高效性是托马斯·赫尔佐格重点关注的内容之一。

利用高效率的技术，用比常规少的物质材料满足同样的功能要求，提高资源和能源的利用效率，减少不可再生资源的耗费，达到对生态环境的关注。

托马斯·赫尔佐格除关注建筑技术的精准性和高效性外，还非常关注设计与建筑元素的灵活性，尤其是建筑细部的灵活性和多功能性，他认为任何一个好的建筑和好的设计，都不是从形式出发。他一直强调要从人类可持续发展的角度看问题，他基于对生态的思考，从整体环境入手，追求对建筑的高水准创造。

欧洲有近一半的能源消耗是用来维持各种建筑的运行。托马斯·赫尔佐格一直强调建筑的"可持续性"，他认为对可持续发展问题的关心是建筑师职业道德的一个组成部分，将建筑的能耗尽可能地降低是保障建筑持久发展的重要元素之一。

托马斯·赫尔佐格将自己的生态设计理念贯彻到自己的每一个生态建筑的设计当中，用一个个建筑实例来向人们展现建筑的"生态"。

9.1.2 生态建筑认知

托马斯·赫尔佐格对生态建筑有着自己独特的认知，精准地指出目前生态建筑中存在的误区，并给出科学的解释。

新的建筑材料往往最能体现最先进的技术成果，这让许多盲目追求"生态"的建筑师形成了"先进的＝生态的"的误解。托马斯·赫尔佐格认为，建材是否是生态的，需要用系统和历史的眼光看待。一些旧建材只要合理利用也能达到生态的目的，如降低自重，提高了保温隔热性能的砖就是十分受欢迎的生态建材。

托马斯·赫尔佐格还指出"绿色的 ≠ 无污染的"。有些绿色建材虽然用于建筑中能够很好地创造健康的室内外环境，但它们或是在后期难以降解导致环境污染，如黏土陶粒混凝土等，或是生产时需要消耗大量的能源并不能回收利用。

"天然的＝生态的"，是一些建筑师走入的另一误区。生态建筑材料的选用应因地制宜。一些国家种植量大于砍伐量，使用木材这种天然材料有利于生态环境，而对于森林覆盖率低的国家来说，木材虽然天然，但并不生态。如坐落于郊外原生林中的太阳能别墅，表面具有生态建筑的特点，但其造价昂贵，土地利用不合理，已经远超出生态建筑的范畴。

9.1.3 生态建筑代表作品

托马斯·赫尔佐格的众多生态建筑作品都体现出生态建筑理念，建筑中的各个细节都在力图展现生态，运用生态，让人在赞叹其高超的建筑艺术水平的同时，更惊叹于其设计建筑与自然的和谐关系。

1）汉诺威 26 号展厅

托马斯·赫尔佐格参与设计的汉诺威博览会 26 号展厅（Hall 26 for the Deutsche Messe AG）是为德国贸易展览会组织设计，长 200m，宽 116m，被认为是所有展厅设计中最具代表性的一个。该展厅的设计充分体现了独具艺术性的结构造型与可持续发展设计观念的完美结合。

托马斯·赫尔佐格在设计中主要注重该展厅的"生态"设计，他通过开发一种人工和自然相结合的通风概念，大大节省了建筑物空调的投资费用。

26 号展厅采用悬挂式屋面结构，坡起的造型具备良好的拔风效果，利于组织室内自然通风。在立面4.7m处设置通风口,凉爽的新鲜空气进入室内后均匀散布到地面,经人流活动等加热后上升到屋脊处排出。屋脊处的通风口设有可开启的折板,并可根据不同的风向调整角度,以确保有效通风。此通风设计使该建筑空调的投资费用节省了50%。

为降低建筑造价,更好地体现生态节能特点,建筑的屋脊处和侧立面的上部有大面积的采光窗为室内提供自然照明。屋顶下部安装反光镜面,补充更多的光线。该建筑还大量使用天然木材,在展厅屋顶的使用面积共计约2万m²,使造价大大降低,并能减小能耗。

2)雷根斯堡(Regensburg)住宅

雷根斯堡住宅是托马斯·赫尔佐格的代表作之一,也是太阳能建筑的里程碑。

雷根斯堡住宅基地周围被绿树环绕,托马斯·赫尔佐格为了使建筑与自然环境形成对比,满足视觉上的享受,设计了一栋结构简洁的住宅。住宅呈直角三角棱锥体,屋顶以倾斜玻璃顶的形式一直延伸到地面。

住宅分两层,首层为花园温室和生活起居室,二层为卧室等。北面为主入口,有露天小花园和温室,两者中间用玻璃相隔,既分隔出不同空间,又使空间过渡更为自然。南边是生活起居空间,南向设置了可推拉的窗子,可以人工调节光亮。北向的斜屋顶大部分为玻璃,引入大量北向的非太阳直射光。小花园的大树枝叶繁茂,形成一片很好的绿荫,同时又阻隔了外界的视线,成为玻璃外的一道天然屏障。

外在的设计能反映功能要求的一致性:对太阳能的直接应用创造了内部空间与精心设计的外部空间之间的联系。雷根斯堡住宅运用大量玻璃建材,住宅的斜屋顶几乎均是由钢结构撑起来的玻璃。温室部分是单层玻璃,其他部分是双层玻璃。即便在寒冷的冬季,建筑也可以直接享受到阳光,促进室内通风和储热。在住宅设计阶段,托马斯·赫尔佐格将玻璃的清洗问题考虑在内:倾斜的屋顶可使冬天屋顶上的积雪在自然消融时沿着玻璃表面滑落,达到清洗玻璃的目的。

雷根斯堡住宅建设时运用大量木材。木材断面采取三角形,层叠胶黏在一起,这种形式可有效抵抗风力,使建筑更加坚固。

雷根斯堡住宅建于20世纪70年代,以现代的标准衡量,雷根斯堡住宅已不再被认为是低能耗生态建筑,但在当时,雷根斯堡住宅的能耗水平只相当于其他相同造价的独立住宅平均能耗的一半,并且能解决大面积使用玻璃房屋的降温问题,在生态建筑的发展历程中,有着不可替代的地位。

9.2 创造生态与艺术的完美世界——彼得·拉茨 (Peter Latz)

彼得·拉茨是德国当代著名的景观设计师。1968年,拉茨在德国成立自己的设计事务所,1973年担任了卡塞尔大学风景园林专业教授,1983年担任慕尼黑工业大学风景园林专业教授。他擅长用生态主义的思想和特有的艺术语言进行景观设计,在当今风景园林规划设计领域备受推崇。

9.2.1 生态设计理念

彼得·拉茨的父亲是一位建筑师,这让彼得·拉茨很早就开始接触景观建筑学,并且积累了很多重要的技艺和知识。

拉茨认为景观设计师处理的是景观变化和保护的问题，要尽可能地利用在特定环境中看上去自然的要素或已存在的要素，不断体察景观与园林文化的方方面面，总结它的思想源泉，从中寻求景观设计的最佳解决途径。不应过多地干涉一块地段，而是应着重处理一些重要的地段，让其他广阔地区自由发展。

对于传统园林，拉茨有着独特的见解。他认为设计当中可以学习借鉴，但是不能照搬，要有自己的思想与创新，才能创造出好的作品。他曾表示技术、艺术、建筑、景观是紧密联系的。技术能产生很好的结构，这种结构具有出色的表现力，是一种艺术品。他在设计中始终尝试运用各种艺术语言，如在杜伊斯堡风景公园由铁板铺成的"金属广场"。拉茨的作品难以完全用传统园林概念评价，他的园林是生态与艺术的完美融合，在寻求场地、空间的塑造中，利用大量的艺术语言，他的作品与建筑、生态和艺术密不可分。

9.2.2　生态建筑代表作品

彼得·拉茨的作品始终贯彻生态思想，同时与艺术完美结合。他擅长用生态的手法，巧妙地将旧工业区改建为公众休闲、娱乐的场所。他的代表作中杜伊斯堡风景园和港口岛公园最具代表性，是旧工业区改造公园中的典范。

1）杜伊斯堡风景公园

20世纪90年代，鲁尔区进行了一项对欧洲乃至世界上都产生重大影响的项目——国际建筑展埃姆舍公园（Emscher Park）。此项目巧妙地将旧有的工业区改建成公众休闲、娱乐的场所，并尽可能地保留原有的工业设施，创造独特的工业景观。彼得·拉茨设计的杜伊斯堡风景公园是其中最引人注目的公园之一（图9-1）。

■ 图9-1　公园内展出的旧工业区昔日样貌

　　杜伊斯堡风景园公园坐落于杜伊斯堡市北部。改造前，公园四处是原钢铁厂留下的痕迹，如破旧的厂房、废弃的铁轨、高大的烟囱，等等。拉茨针对实际情况，决定尽可能地保留原有的构筑物，甚至是矿渣，用生态的手段将现有的"混乱公园"整合为新的景观（图9-2）。

■ 图9-2　公园内废弃的铁轨

　　拉茨将杜伊斯堡公园景观分成4个景观层：以水渠和蓄水池构成的水园，散步道系统，使用区，以及铁路公园结合高架步道。景观层自成系统，各自独立而连续地存在，只在某些特定点上用一些要素，如利用坡道、台阶、平台和花园将其连接起来，获得视觉、功能、象征上的联系。

　　由于原有工厂设施复杂而庞大，为方便游人的使用与游览，建成后的公园以颜色来区分：红色代表土地，灰色和锈色区域表示禁止进入的区域，蓝色表示开放区。各个系统独立存在，只在某些点利用视觉、功能或者仅仅是象征性的元素连接（图9-3、图9-4）。

　　彼得·拉茨将可利用的元素归类到互不干扰的系统，依照高度的不同划分，形成水系、道路、高架步行道和景观斑块，使它们各成系统，尽量减少人工干预，保留有用的信息和要素。

　　彼得·拉茨采用的处理方法是寻求对旧景观结构和要素的重新解释，而非用大量新的东西去掩盖"不光鲜"的旧景观。工厂中众多构筑物被赋予新的使用功能。如高炉等工业设施可让游人安全地攀登、眺望，废弃的高架铁路改造成公园中的游步道，工厂中的一些铁架成为攀缘植物的支架，混凝土墙体依靠其高度优势成为攀岩训练场，等等。就连废弃的材料也得到很好的再利用。工厂中的各种植被均未被破坏或移除，被当作公园中最"原

■ 图9-3 成为景观的废弃火车

■ 图9-4 保留原有旧工业区特色的景观

汁原味"的景观植物；废弃的红砖磨碎后用作红色混凝土的部分材料；工厂遗留的大型铁板成为广场的铺装材料。

彼得·拉茨尊重历史，将历史视为重要的设计元素。在杜伊斯堡公园的设计中，他最大限度地保留工厂的历史信息，利用原有的"废料"塑造公园的景观，从而最大限度地减少对新材料的需求，减少对生产材料所需能源的索取。公园四处可以找到过去旧工业区的影子，建筑及工程构筑物都作为工业时代的纪念物保留，它们不再是丑陋破败的废墟，而是如同风景园中的点缀物。让人们在享受新景观的同时，感受到历史的气息（图9-5、图9-6）。

公园水域中水可以循环利用。公园设有多个涵水、污水处理装置。污水被处理，雨水被收集后，引至工厂中原有的冷却槽和沉淀池，经澄清过滤后可流入埃姆舍河。

■ 图9-5 废弃的烟囱成为风景中的点缀

■ 图9-6 公园的独特景观

彼得·拉茨独特的设计思想为杜伊斯堡风景公园带来颇具震撼力的景观效果，使其成为旧工业区改造景观公园中的经典范例。

2）港口岛公园

彼得·拉茨的港口岛公园设计曾获得 1989 年德国风景园林学会奖。

港口岛公园位于萨尔布吕肯市，面积约 9hm²，接近市中心。1985 ～ 1989 年，彼得·拉茨规划建造了港口岛公园，对当时德国城市公园普遍采用的风景式园林形式的设计手法进行挑战。

第二次世界大战时期，港口岛公园地区的煤炭运输码头遭到破坏，除一些装载设备得到保留，码头几乎变成一片废墟。彼得·拉茨对港口岛公园的设计仍采用生态的思想，对废弃的材料进行再利用，在保留该地区原有旧痕迹特点的基础上，进行新的景观设计。他曾对自己的规划意图作出这样的解释："在城市中心区，将建立一种新的结构，它将重构破碎的城市片段，联系它的各个部分，力求揭示被瓦砾所掩盖的历史，作为城市开放空间的结构设计。"

彼得·拉茨考虑到码头废墟、城市结构、基地上的植被等因素，首先对区域进行"景观结构设计"。在重建和保持区域特征的前提下，对港口环境整治，力图重塑该地区的历史遗迹，展现过去的工业辉煌。

建筑、仓库、高架铁路等工业废弃物经过处理得到很好地利用。公园相当一部分建筑材料利用战争中留下的碎石瓦砾，成为花园不可分割的组成部分，与各种当地植被相交融。

彼得·拉茨用废墟中的碎石，在公园中构建一个方格网，将废墟分割出一块块小花园，作为公园的骨架，展现不同的景观构造。为使公园新旧景观有强烈的识别性，新建的部分多以红砖构筑，与原有瓦砾形成鲜明对比。他认为这样可唤起人们对 19 世纪城市历史面貌"片段式"的回忆。

9.3　注重太阳能利用的建筑师——罗尔夫·迪施（Rolf Disch）

罗尔夫·迪施 1944 年生于德国弗赖堡，曾就读于弗赖堡建筑工程学院建筑工程专业与康斯坦茨技术学院的结构工程专业。1969 年，他成立了自己的建筑工作室。他曾多次获得大奖，如欧洲太阳能奖、巴登—符腾堡州国际设计奖、德国建筑奖等。

早在 20 世纪 70 年代初期，罗尔夫·迪施与其建筑工作室已经开始在生态建筑，特别是太阳能建筑领域进行全方位的研究。他设计和建造的很多工程具有前瞻性，是指引未来的杰作。

罗尔夫·迪施的建筑为人们创造一个舒适健康的环境。他在建筑中常采用多种丰富的生态节能技术，包括雨水回用、污水废物回收利用、建筑的保温处理，等等。他始终坚持尊重环境的生态设计原则，他的大部分建筑都采用当地经过处理的原生木材作为主要建材，既尊重环境，又具有可再生性。

罗尔夫·迪施对太阳能极为钟爱，所有作品都不遗余力地利用太阳能。包括他早期建筑中采用的被动式太阳能利用技术，后期主、被动太阳能利用相结合的技术以及采用太阳能光伏发电系统等。罗尔夫·迪施不盲目追求太阳能利用，他的建筑作品实现投资和收益之间的平衡，是生态建筑太阳能利用方面的杰出设计师。

9.3.1 生态建筑观

罗尔夫·迪施的设计大胆创新，尽可能地利用生态技术为人们创造舒适、经济实用的居住空间环境。他在设计时力求通过建筑材料、结构形式、材料的循环利用以及建筑外墙保温等一系列举措，为人们创造一种新时代的建筑。

罗尔夫·迪施对建筑的独到见解，形成其独特的设计观。

1）社会运转离不开太阳能

罗尔夫·迪施在经历全球能源危机之后，意识到建筑对于能源的依赖性和能源对建筑物的制约性。他认为：太阳能作为一种可再生能源，应越来越多地用在建筑上。他说："从我开始从事建筑工作以来，光线与阳光对我而言就是建筑的重要组成部分。"

2）住宅可以产生更多的能量

罗尔夫·迪施认为，住宅不但可以产生能源，而且产生的能源比住户所需要的多。这个观点在他近几年的作品中逐渐实现，如他设计建成的建筑除能够大量节约常规能源外，太阳能电池板系统发出的电还能带来利润。

3）健康建材营造高品质生活

罗尔夫·迪施重视建筑材料的选择。他主张综合考虑材料的物理特性以及挥发性，使建筑在满足人们基本生活需求同时，也满足人们对生活品质的要求。

9.3.2 生态建筑代表作品

1）巴登—符腾堡州罗特韦尔生态小区

巴登—符腾堡州罗特韦尔生态小区位于巴登—符腾堡州罗特韦尔县，由罗尔夫·迪施与 WeberHaus 公司合作设计。罗尔夫·迪施的建筑观在该小区得到进一步体现。

罗尔夫·迪施在采用模数化方式装配建筑之余，提倡个性。小区由多样的独立住宅和联排住宅组成，且住户有一层、两层或再加上阁楼层等多种基本建筑结构形式可供选择，如有需要，建筑还可延伸或者增加附属建筑，并不拘泥于固定模式。建筑的结构组件采取预制式，可以快速并且高精度地组成建筑，且造价相对较低。

该小区的主要建材为木材，所有建材的质量和环境兼容性都经过科学检查，不仅将材料的生物和物理特性，建成后的材料挥发性均考虑在内，还考虑到之后的回收利用。使用可再生的木材可储存 CO_2，使小区住宅室内空气品质极高，甚至得到德国 LGA 认证。

建筑的保温节能技术是该小区的特色。小区住宅又被称为"三升房"，意为 1 年 $1m^2$ 建筑采暖耗油量不超出 3L（约等于 4.5kg 当量煤）。通过改良墙体结构使得外墙紫外线值达到 0.1W/（m^2·K），并且通过采用一种外膜避免热桥的出现，确保该结构形式单元组件的连接。采用高耐热系数的玻璃，吸收更多的太阳能并减少能源的消耗。由于建筑良好的保温性能，小区几乎不需要辅助热源。多余的能量可以通过木材间的空隙存储后再利用。

住宅设有可控的通风系统及智能控制系统。智能控制系统可以根据住户的行为进行控制，如当一扇窗户打开，它就会自动关掉暖气和通风系统。通风系统可避免室内热量散失并且创造一个舒适的室内环境。

罗尔夫·迪施在对该小区的设计中，再次巧妙地对太阳能进行大限度的利用。住宅所有的生活空间都向阳，南向装着大面积玻璃，冬季可以直接接受阳光照射。夏季阳台和伸出的遮阳棚可以遮挡阳光来保证舒适凉爽的室内空间。在住宅的南侧，安装太阳能热水集热器，产生热水供生活用水和采暖用。住宅屋顶上安装太阳能光伏电板提供住宅用电。

该小区在设计之初就以"生态"为主导，摒弃形式上的"生态"，而将生态真正展现在各个细节中。小区每栋住宅的能耗需求、排污、投资和运行成本都被尽可能地压低。能量设计使生活空间更加舒适，节约成本且保护环境，该小区的生态设计是罗尔夫•迪施生态作品中的经典范例之一。

2）施利尔伯格山麓的太阳能社区

施利尔伯格山麓的太阳能社区是罗尔夫•迪施建筑观的绝佳体现，也是欧洲最好的太阳能社区之一。

社区建筑外墙采用 16 种颜色及包括金属和木材的多种外墙面材，颜色醒目和谐。社区建筑采用模数化、标准化结构装配形式装配。同罗尔夫•迪施其他建筑作品一样，该社区在保证部分基础设施统一的前提下，也根据住户的不同要求将其设计出不同的风格。

住宅装有可控的通风系统，不仅可更新空气，还起到室内保温的作用。社区住宅的卧室设在南面，厨房等附属房间设在北面，北面全部密封或开小窗。通风系统设有热交换器，可将排出空气的热量传到室外引入的新鲜空气中。由于住宅良好的保温性能，它所需的热能仅为传统住宅的 1/10，住宅室内能常年保持 15 ～ 20℃，不需要集中供暖或空调。此外，住宅的采暖，还可由太阳能真空集热器收集热能后集中统一供暖，不足热能由燃木站提供。

社区所有的建筑均为南北向，建筑的排与排间距也能保证冬季获得充足的日照。建筑南面的坡屋顶比北面的宽大，可获得更多光照。光伏发电板布满南向屋顶，生产的电并入市政公网，既达到社区节能生态目的，又可每年获得一定利润收入。

施利尔伯格山麓的太阳能社区是罗尔夫•迪施为住户设计的一个完全利用可再生能源的高标准舒适的生活空间。

第 10 章　德国生态节能技术及应用

德国能源匮乏，石油几乎全部依赖进口，天然气 80% 依赖进口。为了摆脱对进口和传统能源的长期依赖，德国采取多种行之有效的节能措施，推进节能技术发展、创新，使本国从国民参与行动到建筑建造均成功体现节能的生态原则。

10.1　节约能源在德国

节能在德国不是口号，不是某一个组织或团体的任务，是渗入每一个公民日常生活中的基本原则，体现出德国节能的广泛性。

1）政策推进低能耗住宅发展

德国《能源节约法》对能耗规定了严格的限制，并制定了德国建筑保温节能技术新规范，从控制建筑外墙、外窗和屋顶的最低保温隔热指标，改为控制建筑物的实际能耗。德国有大批旧建筑尚未采用新型保温技术措施。为此，新法规鼓励企业和个人对旧建筑进行节能改造，并实行强制报废措施。

德国市民在购买或租赁房屋时，建筑开发商必须出示一份"能耗证明"，告诉市民这个住宅每年的能耗（主要包括供暖、通风和热水供应）。在政府的推动下，天然气和太阳能等清洁能源、可再生能源在住宅供暖市场上受到越来越多的青睐（图 10-1、图 10-2）。

■ 图 10-1　德国社区住宅（1）

■ 图 10-2　德国社区住宅（2）

　　2）节能家电的广泛使用

　　德国人购买电器不仅关注电器价格，还会关注电器的能耗值。德国贩售的许多电器上会有欧盟的能源标签。其中，A 代表低能耗，G 代表高能耗，中间还有 B、C、D、E、F 几个等级。产品能耗标签制度是德国根据欧盟《能源消耗标示法规》制定的。目前，灯泡、冰箱、洗碗机、洗衣机和衣物烘干机、电烤炉和室内空调上都有这种标签。

　　3）随手"关机"

　　德国联邦环境局调查曾专门对家庭用电的"待机"情况调查，结果显示家庭用电至少有 11% 在电器待机状态下被白白浪费。许多音响、电视在开关处于"关闭"位置时就开始耗电，要停止电流进入，必须关上电器并拔掉电源线。为此，德国能源局号召民众在关闭电器时将插头与插座分离，以节约电能。

　　4）接受专业指导

　　日常生活中，一般很少有人真正掌握生态节能的专业知识，若想实现"全民节能"的效果，必要的专业指导不可或缺。如德国政府开展的"现场顾问"资助项目，房屋所有者可以享受工程师的咨询服务，选择如何更经济实用地采取房屋节能措施，咨询费大部分由政府承担。

　　为更加方便民众了解节能相关情况，德国能源局开设了免费电话服务中心，解答民众在节能方面遇到的问题。德国政府积极向民众宣传建筑节能知识和政府的方针政策。德国联邦消费者中心联合会及其下属的各州分支机构也提供有关节能的信息和咨询服务。

10.1.1　德国推动生态节能措施

　　推动节能环保需要众多因素的辅助与支持，如法律政策、技术手段、大力宣传等，均是德国发展推动生态节能的重要推动力。

1）法律政策支持

1998 年，主张环保节能的绿党上台执政，德国政府先后出台了如《可再生能源法》、《生物能源法规》、"10 万个太阳能屋顶计划"等一系列有关环保和节能的法规与计划，为引导德国进一步走向节能环保型社会确立相应的法律框架。其中，关于可再生能源、生态税以及建筑节能方面的政策法律最能代表德国节能法律的特性。

德国政府采取的这一系列立法和税收措施，使德国企业愈发重视风能、生物能、太阳能等可再生能源的开发和利用，从而推动德国向节能型社会进一步发展。

2）以先进、科学的技术手段为依托

先进、科学的节能技术手段是德国发展生态节能的坚强后盾，可最大限度地提高现有能源的使用效率，取得明显成效。德国为鼓励技术创新，提高能效，实施了许多措施，如德国推动能源企业实行"供电供热一体化"，通过向能源企业，尤其是小型企业提供资金、技术援助，帮助购置相关设备等措施，鼓励能源企业将发电的余热用于供暖。

德国鼓励使用传统矿物能源发电的企业不断开发、使用新的技术，如高压煤波动焚烧技术、煤炭汽化技术等，从而使能源企业传统矿物能源的平均有效利用率逐年提高。

3）大力宣传，提高民众节能意识

民众的广泛参与对于推进全国生态节能至关重要。提高民众的节能意识是保障民众广泛参与的基础。

德国能源局开设免费电话服务中心，并设有大约 300 个提供节能知识的咨询点。政府高级官员不定期与民众举行研讨会，就政府的相关政策进行研讨，听取意见，并鼓励民众对政府、企业在节能与环保等领域的工作进行监督。德国联邦消费者联合会及其位于各州地下属分支机构也提供相关节能的信息和咨询服务。许多部门还开设专门的节能知识网站，以多渠道方式向民众介绍各种节能专业知识。

10.1.2 德国节能环保产业

近年来，德国节能环保产业迅速发展，已形成一个拥有近百万人就业的产业。每年德国环保产品的出口居世界前列，其中，占世界光伏市场的比重达到 52.8%，居欧洲第一位。德国政府、企业注意到环保产业所具备的巨大经济潜力，从战略高度来培育节能环保产业。

德国节能环保产业带动了对工程师、项目开发人员、工人等的需求，每年可新创造上万就业岗位。节能环保产业作为新的"经济增长点"和"就业发动机"的作用日渐突出。

为将节能环保产业的巨大经济和就业潜力变成现实，德国政府不断制定培育政策，而且斥巨资予以财政支持，刺激企业致力于开发新技术，发展新产业。德国的节能、环保、减排等措施渗透到生产、生活各个领域，充分提高能效以及再生能源利用效率。

德国节能环保产业的高速发展为推进德国整个生态节能的发展起到重要作用，使节能环保技术普遍应用到各个领域的同时，保障国家的经济发展与社会稳定，是实现生态节能技术可持续发展的重要基石。

10.2 德国建筑生态节能新理念

德国冬季较长，建筑供暖耗能成为政府着力解决的一个关键领域。多年来，政府通过制定和改进建筑保温技术规范等措施，不断发掘建筑节能的潜力。建筑节能已经成为当今德国生态节能领域中的重要环节。

为使建筑节能理念能更好地贯彻到建筑建设当中，德国政府实施多种措施，并调动民众共同参与。现在，德国的建筑节能发展已走在世界前列，其成功原因有以下几点：

1）政策支持

德国对新旧建筑均要求符合节能标准，每年对 3% 左右的旧建筑进行节能改造。同时，政府通过节能改造样板房进行典型引路，发放低息贷款和补贴扶持节能改造项目。

德国还推出能源利用方案。建房者除必须遵守国家规定的节能建筑标准外，还必须出具一份能源利用方案。一般能源利用方案应包括 2 ~ 3 套供选择的能源利用模式。政府审批部门在选择不同模式时，必须同时衡量排放、空气有害物质以及费用 3 项指标。

建房者如果主动要求按照严于国家规定的节能建筑标准建造房屋，可以与政府签订城市建筑合约，明确约定建筑所采用的具体标准。为鼓励建房者采取更为节能的建设方案，政府会主动向业主提供节约能源、提高能源利用率等方面的咨询和指导，建房者还可到地方政府参股的银行申请优惠的低息贷款以及享受联邦政府给予的奖励。

2）加快技术革新

德国建筑节能技术发明不断创新，不断创造出高效节能的建筑，被动式节能住宅就是技术创新的经典范例。

被动式节能住宅在低能耗建筑的基础上不断发展。即使在室外温度 -20℃ 的情况下，被动式节能住宅室内照样可以不必开空调或暖气就能保持正常生活所需的温度。房屋基本不需要主动供应能量，每年单位面积供热能耗仅为 15kW•h，远远低于目前德国的标准 75kW•h。被动式节能住宅是目前德国大力发展的建筑节能项目之一。

3）大力发展可再生能源

德国正大力研发经济实用、环境友好的可再生能源利用技术。德国政府资助研发太阳能利用技术，风力发电技术，地热发电、供热技术和热电联产技术等。成功的研发及示范不但有助于降低成本、增强可再生能源的市场竞争力、发现新的廉价能源形式，而且可促进产业升级（图 10-3）。

4）重视民众参与

德国政府及民间组织通过各种渠道，举办宣传活动，向民众传达节约能源的重要性和建筑节能对生态环保的必要性。德国的节能项目进行中或完成后，要将成果性工程作为展示放到市政广场中心向民众展示，市民可随时去了解经济实用的房屋

■ 图 10-3 风力发电

节能措施等。德国政府鼓励百姓对自己的房子进行节能改造，政府采取一些优惠的措施和补助，房屋所有者有权要求工程师提供专业的咨询服务，而大部分的咨询费由德国政府承担。

10.2.1 德国建筑节能的关键词

德国历届政府都十分注重建筑节能方面的研究与发展，形成一套德国独有的建筑节能体系。该套体系可用三个关键词概括：建筑师、事务所、设计。

1）建筑师

德国设计师的工作任务包括：前期规划、许可计划、建筑分配时的准备和协作，建筑工程的陪同和监督。德国的建筑师不仅仅专注于住宅、办公楼或者是特定的建筑单一领域，一个德国的设计师既是想法的策划者，也是实施者和控制者，同时具备创造力、经济思维能力、组织能力。

2）事务所

德国建筑师的多角度思维同时体现在德国事务所上。一个德国的建筑事务所不仅会设计一种特定的建筑类型，也能够创造所有的建筑类型的设计。德国不只像柏林、慕尼黑等大城市才有高级生态建筑，许多中小城市的生态建筑都具有模范意义。这种全国共同发展节能建筑的模式，一定程度上归功于遍布德国大中小城市的专业生态建筑事务所。如德国南部的一些小镇由于阳光充分的地理位置，出现了以太阳能为特点的建筑事务所（图10-4）。

3）设计

建筑不仅仅是通过一个装置，或者尽可能多地使用再生能源就可以实现节能，而是要降低整个建筑的能耗，减少对周围环境的消耗。实现真正意义上的建筑节能，需要从设计之初便开始综合考虑各个环节各个问题。德国节能建筑有三个决定因素：地理位置、建筑形式以及建材的选择。成功地达到节能效果的建筑，必须在设计的过程中，将这三点协调、合理规划，将建筑工程中或是建筑建成后几十年甚至几百年的节能效果均考虑在内，以求节能建筑真正实现生态目的，满足社会可持续发展的需求。

■ 图 10-4 节能建筑

10.2.2 德国建筑节能技术应用

生态建筑的技术应用系统性非常强，严格按照设计和图纸去执行，足以达到项目节能指标。德国的节能指标非常细，有7个等级，每一个等级都有不同的政策要求和系统的技术指导。

德国被动式住宅是建筑节能的集中表现。外墙保温系统、可再生能源系统、新风系统等，均是德国研发的高效节能技术。以被动式住宅的保温密闭性为例，被动式节能房匹配了一系列的技术和材料系统，其外墙外保温铺装厚度达20cm，屋顶保温层是30cm，并且两层之间楼板均铺设有保温板，阳台与外墙之间也进行保温分隔，且采用节能性较好的三层玻璃塑钢窗，每个窗的空腔内都安装保温材料。为有效规避建筑气密性差的问题，在窗户与建筑间装置封闭胶条，设计构造节点，使房屋的气密性非常好。

德国另一个非常有代表性的节能技术是艾默生超低温数码涡旋热泵技术。当室外温度低时，普通空调制热量过少，不能满足供暖的需要。当室外温度低至-15℃时甚至不能开机运行，而艾默生超低温数码涡旋技术即使在-25℃下也能正常运行，在严寒地区只需要一套冷暖空调系统，就能同时满足冬季采暖和夏季制冷的需求。

为更好地达到生态节能的目的，德国在建筑改造中常运用建筑节能技术。建筑节能改造技术包括以下几个方面：

（1）仔细严谨的建筑质量评估技术，包括对建筑各部分能耗的测定，对建筑保温性能的测定，找出主要出现的问题，制定切实可行的改造目标。

（2）通过对建筑布局及门窗墙体的精心设计与调整达到充分利用自然气候条件的效果，降低建筑能耗。

（3）充分利用无污染的太阳能。

（4）废水净化后循环使用和雨水收集利用技术。

（5）选择建材时，充分考虑节约资源、减少污染和循环利用的可能。建筑师在具体项目设计和施工过程中根据实际情况开发新型材料。

10.3　德国节能减排及低碳经济

德国"节能减排"表现为污染的低排放甚至零排放，把清洁生产、生态设计以及可持续消费融为一体。从资源综合利用角度看，"节能减排"表现为以资源的高效利用和循环利用为核心，以"减量化、再利用、资源化"为原则，以"低消耗、低排放、高效率"为特征。德国在节能减排、开发和利用可再生能源以及其他低碳经济、技术与发展方面积累了很多成功经验。

10.3.1　德国节能减排、低碳的措施

德国是欧洲国家中节能减排的法律框架和鼓励低碳经济政策最完善的国家之一。完善的制度安排，严格的法律法规，灵活的经济措施，先进的技术手段以及从政府到企业直至公众的广泛参与，在节能减排的具体实践中，德国堪称世界典范。

1）健全完善的法律政策

建立系统配套的法律体系是节能低碳发展的保障。从20世纪70年代开始，德国政府启动了一系列环境法律政策：1971年，德国公布了第一个较为全面的《环境规划方案》。

1972年,德国重新修订并通过了《德国基本法》,赋予政府在环境政策领域更多的权力。随后,德国通过《废弃物处理法》、《联邦控制大气排放法》等环境法案,并成立环境问题专家理事会、联邦环境委员会等公共机构。1986年,德国正式成立环境、自然资源保护和核安全部。此外,各州和地方政府制定不同的节能减排、低碳发展法规和相关促进措施,作为对联邦法规、措施的补充。目前,德国有8000余部联邦和各州的环境法律和法规,欧盟的400多个法规在德国也具有法律效力。德国较为完善的循环经济法律体系是节能减排与低碳发展的保障。

2)坚持技术创新

科技创新是节能减排与低碳的重要保证。2007年,德国制定"气候保护高技术战略",联邦政府预计在未来10年内,增加10亿欧元研究经费用于气候保护、低碳技术研发,同时德国工业界也相应投入资金,进行技术开发研究。

德国是世界第二大技术出口国,无论是传统技术还是高新技术,都拥有雄厚的技术实力。德国确定有机光伏材料、能源存储技术、新型电动汽车、CO_2分离与存储技术四个重点研究方向来应对气候变化,发展低碳经济。

德国节能减排及低碳技术应用使德国提前完成《京都议定书》规定的温室气体减排量。德国节约能源、提高能效、减少CO_2及有害气体排放,其环保产业与技术不仅对国民经济增长贡献巨大,还为社会创造大量就业机会和推动产业持续发展发挥了积极作用。

3)实行灵活的经济手段

德国政府采取限制性和激励性经济措施并举的做法,建立较完善的激励与约束机制。德国政府要求造成环境污染的企业承担相应责任,同时通过税费减免等激励性措施,鼓励企业积极参与环境保护。如当企业排放的废水达到低标准时,可减免税款,对安装环保设施的企业免征3年环保设施的固定资产税,允许企业每年度环境保护设施所提折旧比例超过正常设备的折旧比例。

4)注重可再生能源利用

德国政府在强调节约使用和高效利用能源原料的同时,着力优化能源结构,推动节能减排,开发利用清洁能源和可再生能源,减少不可再生能源的使用。政府相继出台生物燃料、地热能、生态税等有关可再生能源发展的联邦法规,在近年的立法或修订中制定了有关优惠和促进可再生能源使用的条款。法规、政策确定的各种优惠和补贴有力促进了可再生能源利用的不断增长。德国再生能源的发电总量已占到德国用电总量的16%以上,其中主要是风力发电,其次为生物质能、水力、太阳能、垃圾发电等。

5)民众的广泛参与

强化民众的参与意识和环境责任是德国节能减排低碳发展的重要组成部分。德国政府通过各种宣传手段来提高民众的节能意识,不论男女老少,均可通过各种方式了解节能减排的相关情况或知识,如举办各种讲座,设立大量咨询点提供各类咨询服务。此外,德国积极发挥非营利性的社会中介组织的作用,在政府与企业间架起桥梁。以包装物双元回收体系为例,其在废弃物循环利用,促进企业从源头减排以及引导消费者积极参与环保节能方面发挥重大作用(图10-5)。在政府的推动和民众的广泛参与下,德国节能减排及低碳经济迅速发展。

■ 图 10-5　垃圾分类循环利用

10.3.2　德国低碳经济发展

低碳经济是以低能耗、低污染、低排放为基础的经济模式，其实质是能源高效利用，清洁能源开发，追求绿色 GDP，核心是能源技术和减排技术创新、产业结构和制度创新以及人类生存发展观念的根本性转变。德国在发展低碳经济方面走在世界前列，其发展经验可以从其法律体系、技术手段和经济手段三个方面进行了解。

1）完善的法律体系

德国是欧洲国家中构建低碳经济建设法律框架最完善的国家之一。从 20 世纪 70 年代起，德国政府启动并实施一系列环境政策，如：《环境规划方案》、《国家可持续发展战略报告》、《废弃物处理法》、《可再生能源法》等，均为低碳经济的发展提供重要的保障支持。

2）低碳经济技术

德国重视低碳技术的研发利用。德国积极推广"热电联产"技术，减少热量流失，为发电企业带来额外供暖收入。"热电联产"技术既可用于火力发电站的节能改造，又可用于制造微型发电机，在小范围内解决供电和供暖问题，降低用户对发电站的依赖。

发展低碳发电站技术是德国减少 CO_2 排放量的关键。德国政府通过调整产业结构，建设示范低碳发电站，加大资助发展清洁煤技术，收集并存储碳分子技术等研究项目，已达到大幅减少碳排放的目的。

可再生能源技术是近年来德国低碳经济的重点研究发展项目之一。德国对太阳能、生物能、风能等可再生能源采取一系列的推广利用措施，并制定明确的目标计划，以求高速有效地发展低碳经济。

3）低碳经济发展的经济手段

（1）生态税

生态税是以能源消耗为对象的从量税，是德国改善生态环境和实施可持续发展计划的重要政策。征收生态税是德国发展低碳经济的一个重要手段，征税对象为油、气、电等产品。税收收入用于降低社会保险费，从而降低德国工资附加费，既可促进能源节约，优化能源结构，又可全面提高德国企业的国际竞争力。

（2）财政补贴

政府对有利于低碳经济发展的生产者或经济行为给予补贴，是促进低碳经济发展的一项重要经济手段。德国出台一系列激励措施，给予可再生能源项目政府资金补贴，以鼓励私人投资新能源产业。政府对一些满足标准的可再生能源项目提供优惠贷款，甚至将贷款额的 30% 作为补贴。

第 11 章 德国生态社区模范

"社区"由德国社会学家斐迪南·滕尼斯（Ferdinand Tönnies）于 1887 年在《社区与社会》一书中提出。社区一般是指"富有人情味，有共同价值观点，关系亲密的聚居于某一区域的社会共同体"。而生态社区是以生态学及城市生态学的基本原理为指导，规划、建设、运营、管理的城市人类居住地。德国在生态社区建设发展方面有多年经验，取得了丰富的成果，拥有众多的生态社区模范供世界各个国家学习、借鉴。

11.1 德国社区建设措施

1）明确政府管理权限，建设活力地方政权

德国是联邦制国家，政府体系由联邦州和地方（市、镇）三级政府组成，各州、市高度自治，联邦与州之间没有上下级隶属关系，但联邦高于州的地位，州与地方的关系是地方自治较高的单一制。各个层次政府之间的职责明确，在规定的范围内，地方政府有较大的自主权，并有比较完善的确保地方自治的法律体系。法兰克福、柏林、慕尼黑等城市在经济发展和社会福利等方面，都取得很大成绩，这些都与当地政府能够有效发挥其职能作用直接相关。

以法兰克福市为例。法兰克福是州政府所在地，是一个多元化社区。相关政府部门针对法兰克福自身情况制定了一系列措施，如降低市场部分的税率，繁荣商业，增加服务和工作岗位等，明确政府由管理型政府改为向经营服务型政府的转变，政府购买服务。

2）建立完善、高效的基层管理体制

德国的基层管理体制是各地地方政府体制。各地方政府执行事务范围不同。在行政区划上，市与市之间，镇与镇之间，以及市、镇之间大小相差悬殊，除 3 个直辖市和州一级，一般地方政府的组织形式，由州议会以法律规定，但有的具体问题也由各地方政府通过选民投票，根据本地情况来决定。这种由各地实际情况出发的管理体制，对各地社区发展更为高效。

3）注重社会团体组织的作用

德国各级政府除少量的行政部门外，存在着各种类别的非政府组织、社团组织、非营利性机构等。这些组织主要是为市民的需要提供生活、工作、文化等多方面服务，起到沟通政府与社会不同利益团体的联系的作用，既减轻政府的压力，又调动非营利机构的积极性，还使得政府与公民之间的矛盾通过这样的"缓冲带"逐步予以化解。如慕尼黑自然保护协会充分利用了政府的政策和企业、社会团体、个人的资助，将绿化及自然保护工作实施得有声有色（图 11-1 ~ 图 11-3）。

■ 图 11-1 慕尼黑市人与自然和谐相处

■ 图 11-2 慕尼黑市受保护的水鸟

■ 图 11-3　慕尼黑市绿化

4）增加民主决策的透明度

为使民众与政府之间建立起信任关系，调动民众参与社会事务的积极性，德国主要通过4种方式增加民主决策的透明度。一是议会会议公开，会议场所设有专门的民众席，允许旁听，也可组织参观联邦议会；二是通过电视、报纸等公开政府及其官员的情况；三是政府办公公开，上网即可查询有关政府运作的情况；四是重大事务预先告知民众，并举行听证会，让民众发表意见等，尊重民意。同时，通过各种社区组织，反映情况，开展社会工作。

5）加强地方财政自主权，完善税收体系

德国地方政府的财政开支和举办公益事业经费的来源由税收保证。联邦、州和地方政府各有一套独立的税务机构，税种分开。社会强制保险为社会积累了强大的资源，每一个人都有必备的资金保障，并有完善的法律政策来保证社会保障资金的正常运行。

11.2　德国社区居住区的生态环境保护

城市生态环境的保护与人的居住生活密切相关。为使居住区与周围环境达到和谐相处的目的，德国许多社区居住区在规划之初，就考虑到各个环节的生态环保问题。现在德国社区居住区的生态环保本质主要从建筑节能与日常生活生态设施两方面体现。

德国生态城市弗赖堡的一些住宅区均采用节能环保的生态建筑，其中以太阳能住宅区最为典型。太阳能住宅区房屋一般为2～3层南北向行列式，在建筑上采用热能防护墙、屋顶太阳能光电池板，大面积的南向太阳能—热能防护玻璃等设施利用太阳能能源。该住宅小区试图通过封闭的热能站，结合太阳能和生物垃圾能源生产该区所需要的热能和电力。

为降低成本,采用装配式技术,利用木制材料改善居住空间的卫生质量等措施。住宅建设中还推广真空卫生厕具、雨水回收系统,减少水源消耗。居住区设置建筑垃圾回收站,提供技术指导以减少施工中产生的垃圾(图11-4~图11-6)。

■ 图11-4 社区垃圾分类(1)

■ 图11-5 社区垃圾分类(2)

■ 图 11-6　社区的太阳能装置

德国一些居住区规划正在开拓一条面向生态环境保护与城市规划建设的新路，将热电联合、低能住宅标准、雨水回收系统、居住区绿化以及与城市公共交通系统相连等措施综合运用。

以德国里塞尔菲尔德(Rieselfeld)居住区规划为例。规划将里塞尔菲尔德原有的 2.5km² 绿地作为自然保护区，并在居住区西侧开辟大约为居住区 3 倍面积大小的绿地作为居住区的"补偿用地"，为居住区开发建设造成生态环境的损耗提供补偿。

到该区第三期建设，开始执行无汽车住宅区的建设计划，动员居住在该区的居民自愿在日常生活中放弃使用私人小汽车，向居民提供便捷的城市公共交通，保证所有居住单元距离公共汽车站和住宅区商业中心最远不超过 300m。该区设有"汽车共用协会"，由协会提供社区内代步专车，在住宅区边缘还设有停车场。通过实行此计划，住宅区内部道路将被改造成儿童游戏场或居民日常交际的活动场地，远离汽车交通的干扰。

11.3　模范社区

11.3.1　弗赖堡沃邦（Vauban）社区

沃邦社区位于弗赖堡的南端，距离老城商业中心约有 2.5km，原是第二次世界大战后法国占领军的兵营。1992 年法军撤走后，弗赖堡市政府以 200 多万欧元的代价从联邦政府手中买下这块地皮，并把其纳入城区的发展规划。沃邦社区居民仅 5000 人，是欧洲为数不多的自行车数量超过汽车数量的社区和唯一一个家庭用电量和发电量实现平衡的社区。其先进的节能设计和超前的环保理念，使这里成为欧洲低碳经济的人居典范（图 11-7、图 11-8）。

■ 图 11-7 弗赖堡沃邦社区（1）

■ 图 11-8 弗赖堡沃邦社区（2）

1）建筑节能

沃邦社区在建筑节能方面成效显，拥有100多套节能住宅。以其节约电能为例，节能住宅的墙壁内有30cm的泡沫夹层，窗户是密封严实的3层玻璃窗，发挥隔声、隔热和保暖的功能。同时，为了保证通风效果不受影响，墙板内有一条烟道直通屋顶，室内外空气通过烟道流通，保持室内冬暖夏凉。

一般欧洲居民家里用电量每年大约为每平方米220kW•h，而沃邦社区居民建筑的平均用电量每年仅为每平方米50kW•h。弗赖堡市规定所有的新建住宅节能标准要比德国政府规定的标准低30%，而沃邦社区很好地满足了这个标准，每年每平方米用电量仅15kW•h。

2）太阳能经济利用

沃邦社区几乎所有的公共建筑及住宅屋顶上都安装有太阳能板，当地人形象地称之为"向日葵屋"或"太阳船屋"（图11-9、图11-10）。

沃邦社区的用电和供暖依靠附近一座小型热电站，热电站烧的不是煤，而是碎木屑，以减少碳排放。这些太阳能电池板并不仅仅是用来为每家每户提供电能或热能，还能为社区各户带来更多的经济效益。每家的太阳能电热板所产生的电能

■ 图11-9 "太阳船屋"

■ 图11-10 装有太阳能板的社区住宅

均供应到城市供电系统，以从中获取收益。通过屋顶上的太阳能电池板，每户居民每年就可收益 6000 欧元左右。

3）绿色交通，安静社区

沃邦社区内是行人优先，自行车优先和公共交通优先。由于政府提倡和居民支持，社区 70% 的居民没有私家车，社区道路的 30km 限速标志随处可见。除了卸货和拉货之外，小区禁止汽车通行。

社区附近有一座 7 层的太阳能停车场，是社区最主要的停车场。停车场 1 年的停车费高达 17500 欧元。一半以上的社区居民都加入到"拼车俱乐部"，每年会费 600 欧元。碰到搬运大件物品或出远门时，他们才会选择出租车或者租车。沃邦社区采取的绿色交通措施，很大程度上控制了社区的汽车数量，减少尾气和噪声污染。

即便没有私家车，居民出行也非常方便。社区的有轨电车到城里需要 15min，骑车需要 10min，步行需要 25 ～ 30min。德国的自行车基本全是变速车，速度较快，作为短途交通工具十分方便，自行车是沃邦社区居民最喜爱的交通工具（图 11-11、图 11-12）。

■ 图 11-11　沃邦社区内的有轨电车

■ 图 11-12　自行车出行

小区内只有一条公路。公路的旁边是有轨电车道。双轨铺设在绿草丛中，绿草的下面铺设减震材料。德国人喜静，电车在轨道上驶过，就像人踩在地毯上一样，几乎听不到任何声响（图11-13、图11-14）。

■ 图11-13　草坪上的轨道（1）　　　　　　　■ 图11-14　草坪上的轨道（2）

4）以人为本的可持续发展模式

德国人认为只有实施以人为本的可持续发展模式，环保、社区、经济、文化共同发展的远景才能够实现。沃邦社区中推行"居民参与机制"，成功形成结合政府部门、市议会、建筑开发商与社区居民的合作发展模式，将"人"认定为可持续发展的中心议题与最终目标，其推动力来自"灵感"、"创意"与"居民参与"。

沃邦社区的居民在规划之初，参与整个社区运作，充分拥有决定建筑物形式、开放空间比例与细部设计的权力。建筑师担任的是专业咨询的角色，专业的设计师则协助居民从专业的角度完成最后的"作品"。居民对于住宅方位、平面配置、立面设计与颜色搭配、材料的选择、节能措施、开放空间比例与用途，都有充分的选择权，使最后的"作品"完全符合他们所需。这种模式的实行让居民对社区的满意度增加，延长社区使用年限，避免资金与材料的无谓浪费（图11-15）。

11.3.2　弗赖堡里塞尔菲尔德社区

弗赖堡市除了沃邦社区外，还有另一个著名的生态社区——里塞尔菲尔德社区。

里塞尔菲尔德社区坐落于弗赖堡市西郊，占地面积约 70 hm²。新区是巴登—符腾堡州最大的新区发展项目之一。社区建在一座有百年以上历史的污水处理厂东部，经过详细而广泛的地质勘测和去污处理后，从 1994 年开始建设施工。

1）以人为本的建设理念

里塞尔菲尔德社区 90% 以上建筑物为多层住宅公寓及多家庭住宅（最高为 6 层），是一个人口密集、结构紧凑的城市社区。为保证在相对紧凑的居住空间内提高居住质量，里塞尔菲尔德社区在多层住宅公寓内院中设立公共庭院和休闲空间。通过和内院底层公寓房主协商，让他们提供一部分内院私人用地，委托设计师对整个内院进行公共空间休闲娱乐区域的规划，以避免不必要的空间分隔和浪费。

让社区居民有归属感，生活舒适，首先要避免工作地与居住地距离过远。里塞尔菲尔德社区通过商业区与居住区的紧密融合，创造大量的工作岗位，实现居民就地就业，成功解决居住地和工作地分开的问题。

里塞尔菲尔德社区有意识地将街区分成若干较小的地块，将街区拆分给 5 ~ 10 个投资商进行开发，以形成建筑形式的多样性。在里塞尔菲尔德大街沿线上的密集街区，可以看到如沿街房、市政房、联排房、弧形建筑群等各类建筑物。甚至在同一居住单元内部，也试图采用不同的建筑形式，让居民不会对社区产生枯燥、刻板的感觉。

2）以生态为导向

里塞尔菲尔德社区的生态建设由来已久。1995 年，与社区西部毗邻的区域升格为自然保护区，在其中设立"体验自然小径"和"访客指示牌"。2001 年，该区域又成为"欧洲庇护系统——自然 2000"的重要组成部分，是许多欧洲动物、植物和鸟类重要的栖息地（图 11-16）。

■ 图 11-15　舒适的人居环境

■ 图 11-16　自然小径

里塞尔菲尔德社区规划之初，规划师们就对该社区的各个环节考虑周全，如涵水系统，社区有单独的雨水收集再利用系统；土壤生态保护，社区减少公共及私人用地的封闭性，清除区域内受污染的土壤，对土壤进行采样研究，以确保次层土壤不受污染。此外，气候、空气和噪声等因素也均是规划时重点考虑的因素。

里塞尔菲尔德社区实施分散绿化计划，将街区内的公共庭院和一些把社区分隔开来的高质量绿地相连接。为更好地完成此计划，社区要求开发商递交建筑申请书时，必须递交开放空间设计方案，确保绿化计划在空地阶段就开始细化和实施。

建筑节能方面，里塞尔菲尔德社区采用较高的建筑密度、节能建筑方式、电热联供的供暖方式以及节电措施。通过实施这种建筑节能模式，相对传统的城区也可以减少将近50%的 CO_2 排放量。

3）安全、绿色的交通系统

里塞尔菲尔德社区的行人、自行车和电车拥有交通优先权。社区内居民的主要交通方式是自行车与电车，社区内有3个有轨电车车站，极大程度上方便了居民社区内的往来。

居住区设有3个交通主入口。里塞尔菲尔德大街由两条方向相反的平行单行道组成，这两条单行道被有轨电车道隔开，只有自行车被明确规定可以在单行道上逆向行驶。社区街道大都设立30km限速区，且实行右侧先行的交通规则。在一些"儿童游乐街区"里，禁止机动车辆行驶，从而避免对正在玩耍的儿童造成安全隐患。

4）居民的"主人翁"意识

里塞尔菲尔德社区居民和城市之间已经形成坚固的新型伙伴关系。里塞尔菲尔德社区居民将社区当作自己的家园，自己是家园的主人，承担起保护家园的责任。在社区里，利益和目的的冲突不可避免，面对冲突，里塞尔菲尔德社区将大众的福祉和利益置于个人利益之上，最终使冲突化解或减弱。社区居民认为，与其让各种规章制度强行制约，不如每个人自发将社区"管理"好。

如今，里塞尔菲尔德社区以其良好的公共形象，便捷齐全的公交设施和优质的基础设施，丰富多彩且充满活力的社区生活，吸引世界上越来越多的人前来居住、研究。

第 12 章　德国生态城市规划及措施

　　德国的城市发展呈现多中心的结构特点，大城市相对较少，中小城市分布均匀，城市高度繁荣。德国的生态城市规划建设适合经济发展，是一种高效的新型模式，由开发新建转向空间重塑和品质提升，重视生态绿化和保护，使德国成为真正意义的生态国家。

12.1　德国生态城市规划建设

12.1.1　生态城市规划建设的特色

　　1）城乡联动的城镇体系

　　德国城乡联动发展的特征明显，未受"逆城市化"的影响，出现原有的市中心密度过高、设施老化、环境不佳等城市衰落现象。城市广场、标志性建筑集中的城市中心区承担整个城市的集中辐射功能。慕尼黑、法兰克福、斯图加特等大城市的中心区、商业中心和交通枢纽发展繁荣。郊区和农村保持特有个性，发挥承接城市辐射、支持城市发展的重要职能。相对分散、宁静舒适的乡村与城市的密集、繁华形成鲜明对比。德国在老城区与农村之间增加一个融合的节点，为城市发展拓展空间。德国市民在农村租田，修建花房苗圃，享受田园风光或者在农村开辟自助花圃、菜园（图 12-1）。规划建设的新城区、高新区、工业区合理分流城市压力，为经济增长、城市发展营造空间。

■ 图 12-1　乡村风光

2）和谐的生态环境与优美的城市建筑

德国重视生态绿化和保护，城市里遍布大小不一的公园。高速公路两侧、城市道路以及非闹市区的绿化充沛、生机盎然。德国的广场、停车位采用天然石块铺设，留有渗水空隙。草地地面高低不平，建有低洼凹槽和池塘，用于雨水的收集和渗漏。

城市是建筑艺术的天地与社会历史的缩影，很多城市闻名于世，历史的延续离不开其城市精美的建筑以及深厚文化底蕴的支撑。如柏林的古建筑和现代建筑互相辉映，反映出德国战后的发展历史，记录和展现着原联邦德国、民主德国合并、统一、交融的历史（图12-2）。

■ 图12-2 柏林墙附近的现代建筑

3）合理的城市布局、完善的城市设施

德国城市发展的特点是中小城市、小城镇星罗棋布，各类城市相对协调发展，布局合理，且城市分工自然。德国注重城市公共设施建设和维修，城市的基础设施配套完善，公共设施配备充足，城市功能得到充分发挥。德国城乡一体化发展程度高，体现在配套供热、电力、供水、污水处理等基础设施能力强，基础设施的配套水平高，覆盖面广。德国城市的市内交通覆盖所有城乡，公交车、有轨电车线路密，班次多，快捷方便（图12-3）。

4）城市建设布局推行生态宜居的发展理念

德国生态城市规划建设，保留自然形态的城市结构，应用现代化的建筑艺术美化城市。柏林高尚社区的人性化宜居设计及杜伊斯堡景观公园的建设均注重城市建设布局，周边环境的构成和产业结构的配套，注重人居环境与生态环境的和谐及旧工业建筑和废弃地在城市建设中的改造利用，以及城市自然和生态环境的恢复。德国生态城市规划及措施处处体

■ 图 12-3　城市交通设施——有轨电车

现出生态宜居城市的发展理念。

12.1.2　生态城市规划建设的启示

1) 以绿化为主的指导思想

德国城市规划体系中，绿地规划先于城市控制性详细规划制定，并优先考虑对森林、公园、庭院等绿地的保护和建设。城市是一个完整的生态系统，德国国土绿化比率排在世界前列，平均绿化率高达 60%。德国对绿化的关注和投入非常大，高速公路两旁绿树成荫，环境优美。城市中有大块的草坪作为市民休闲的场地，还可改善区域气候。

2) 层次分明、决策严密的规划体制

德国城市规划层次分明，按规划层次，德国的规划体系分为联邦政府规划、州政府规划、专区规划和地方规划。德国的规划体系由综合性的空间规划以及城市、交通、土地利用等专业规划构成（图 12-4）。德国城市规划体制决策严密，如弗赖堡市为保证其

■ 图 12-4　弗赖堡市特色"树屋"

古城风貌，城市规划具体到每座民居的屋顶坡度，瓦的颜色、式样，外墙砌筑方式和颜色。对于重点街道，门前的树木、花草均有细致的安排。

3）市民的广泛参与性及支持性

德国的相关法律、法规，各种规划方案及早告知公众，使市民有机会对规划进行评议。规划评审前，政府组织召开市民建议会促进规划项目的市民认同，利益相关人士均可参加市民会议，如对建筑密度和高度、开放空间和绿地、停车条款等，市民意见能够影响到规划项目的特性及政府当局的决策。德国任何地区新建楼房都必须首先经过周边居民对建筑方案的认可和城市规划部门的批准，其中包括新建筑的高度、样式、颜色和用途等（图 12-5）。

■ 图 12-5 德国风格建筑

4）城市规划的法律保障

德国制定《德意志国家规划法》、《德意志城市新形象法》及《建设法典》等法律约束。城市道路建设的扩建新建，城市旧城区改造及旧房内部增设相关设施的改造都具有健全、严格的法律体系，德国法律规定，要保护建筑外观和整个城市的基本格局，保持建筑的原有风貌及与周围环境、构筑物的协调性。

12.1.3 生态城市规划建设的典范

埃朗根市位于德国南部的巴伐利亚州，总面积 $77km^2$，是著名的生态城市和现代科学研究与工业中心。市政府按照集约化原则改善居住分布状态，人口规模始终保持在 10

万人左右。埃朗根绿色地带把市区的绿地和周围的公园、森林连接起来，形成一个立体的绿化系统，森林覆盖率达到40%。绿色通道安全，富有吸引力，适合市民步行、骑车及身体锻炼。

埃朗根市通过在较小的居住空间内浓缩人们的生活和行为来实现其生态城市目标，广泛开展节能、节水活动，采用多种措施防治水、气和土壤污染，实行步行和公交优先的交通政策。埃朗根生态城市规划建设成为很多大型和特大型城市的参考模范。

埃朗根市生态城市规划建设的成功经验：

1）科学制定城市整体规划

埃朗根市强调规划的基础部分是景观规划，注重发展自然边界，保护森林、河谷和其他重要的生态地区，城市中拥有众多贯穿和环绕城市的绿色地带。在新城区可接受的密度上节约使用自然地带。

2）绿色通道使埃朗根市成为健康之城

埃朗根市为方便市民锻炼身体，规划建设时将通往绿地的时间缩短至 5 ～ 7min。绿色通道将埃朗根市内和城市周边的绿地连接，是安全、吸引人的步行和骑车的绝佳选择。

3）节约资源及家庭废物管理成功

埃朗根市强化实行节能、节水和节约其他资源的方法，防止对水、空气和土壤造成污染和破坏，强调反复利用资源，通过在整个城市贯彻该体系，不使用修建昂贵和有争议的焚烧炉来处理垃圾。

12.2　德国生态城市管理措施

12.2.1　纵观德国生态城市规划的实践特点

目的性：制定城市规划，基础设施布局尽可能合理，使社会、经济和生活环境处于和谐状态。

法制性：德国在城市规划上都严格执行"不同层次规划的服从义务和对应原则"，保证规划的严肃性和整体性。

独特性：德国城市生态规划的实施体现和谐有序的城市建设，科学合理的用地结构，优美的城市景观，良好的生态环境，以此展现城市的独特风貌（图12-6）。

群众性：德国规划主张实行公民和社会参与制度。通过各种宣传媒介和渠道广泛征求各界意见。

严谨性：德国各个机构编制各种设计导引，设计导引是建立在对于地域特征进行全面评析的基础上，包括城市形态及其景观环境，涉及从城镇的整体形象到特定的区域、边界、住区的外貌、空间、活动、形态和功能、建筑和景观环境等内容。

■ 图 12-6　城市生态景观

12.2.2 德国生态城市规划的治理措施

1）土地生态功能的维护和再生

可使地下水资源保持丰富的土地渗透能力和水保持能力的维护和再生；具有生态价值的生态群和物种保护的维护，城市建设的密集地区小气候和中气候环境下土地生态功能的维护和再生，风景美学价值的维护和再生。采取保护裸露地面的建设和开发形式，建造能渗透的道路、广场、停车场和其他公共和半公共面积，采取对生态保护有效的裸露地面的规划措施，采取符合环境要求的土地利用形式，采用排水分离系统，采用雨水渗透系统，加强对雨水的利用。

2）避免和减少排放及扩散

通过节能的建筑形式和居住方式避免由使用能源造成的污染物排放，采用无排放的供热系统，避免和减少由交通及工业造成的污染和扩散。

3）减少交通噪声

减少交通噪声不仅是一个环境技术或被动隔声问题，而且关系到短途公共客运交通的开发系统和连接系统以及自行车交通系统，同时，决定着是否将安静交通系统和道路交通的引导作为主动隔声措施。

4）改善小气候

通风系统、冷空气狭长带、挡风植物墙是改善小气候的主要因素。需考虑建筑物和建筑高度梯度，建筑物的位置和主要风向的关系，保证露天广场和小型水域的气候功能以及修建有渗透能力的地表面，减少夏日升温。

5）节约饮用水和污水、垃圾的处理

保护饮用水，减少污水和垃圾造成的危害，包括：采用供水和污水处理的分离系统及利用系统；采取节约饮用水和利用中水的措施；采用适合于城市建设的避免产生污染的垃圾处理系统和利用系统。

6）渗水型地面铺设

人行路采用透水砖或碎石铺设；停车场采用孔型混凝土砖铺设；对实心砖铺设的路面，让砖与砖之间留出空隙，任植物自然生长于空隙中；对建筑工地，在地面撒一层碎石子，减少扬尘，将石子重复利用，降低施工成本，最大限度地发挥城市地面的滋润功能，使城市地面冬暖夏凉：冬天冰雪融化，适时补充地下水，夏天天气炎热，蒸发水汽，湿润空气，适时调节气温。

12.2.3 生态化与智能化让城市更轻盈

1）生态化措施

（1）德国城市居住区的公共空间及公共绿地面积较大，家家户户门口排放整齐的多色垃圾桶（图 12-7）。

（2）交通主干道中间绿化带较宽，为道路拓宽留下空间，慢行系统纵贯城乡，自行车成为私人交通的主要方式之一，市民出行方便。

（3）单位空间和社会空间共享共用（一般不设栏杆和大门），绿地广场随处可见，突出文化主题。

（4）城市绿化以草坪、大树为主；绿化追求自然，因地制宜，优雅和谐（图12-8）。

（5）公共场所的环境卫生工作（如除草、拾垃圾等）由一些社区居民义务承担，既提高环保意识和参与意识，又减少维护成本。

2）智能化措施

（1）城市管理由秩序局实行综合执法，集中行使规划、建设、交通、卫生、工商、环保等许多部门的行政处罚权。

（2）通过一套全自动化的信息系统来实现城市管理数字化，在城市的主要位置安设电子信息牌，信息牌上用屏幕显示城市各停车区域空闲车位的动态信息。

（3）基于电子政务2.0平台，设立联邦议会信访委员会，为联邦议会下属的专门委员会，公民向联邦议会提交的请求与申诉交由信访委员会处理。

■ 图12-7　家家户户的多色垃圾桶

■ 图12-8　城市绿化

第 13 章　德国生态文明的市民行动

随着工业化和城市化进程的不断加速和空前发展，环境污染问题日益突出。德国生态文明建设逐步成为市民普遍关注的焦点问题和热门话题。市民的环保觉悟和环保参与有力地推进德国的环保进程。

13.1　德国可持续市民参与

"21 世纪议程"作为联合国制定的行动计划，由 170 多个国家的政府共同签署。它将城镇及其当地的居民定义为可持续发展的重要参与者。德国的环境政策主要遵照"污染者付费"、"预防"和"合作"这三条原则，并通过法规和经济手段，以解决新挑战为目标的前瞻性政策，提高市民参与性。可持续发展参与中除各领域专家，主要还有市民代表、市政当局和德国生态城市管理人。德国可持续市民参与的目标有：

（1）市民参与生态城市政策等重要议题的决策。

（2）保护市民免受交通事故、空气污染和噪声污染之害。

（3）通过提供知识传播方面的质量和合作水平，充分发掘和利用本地区经济现代化研究的潜力。

■ 图 13-1　弗赖堡市城市绿化

（4）努力解决贫困现象，创造和发展旨在保障生活的工作职位和就业机会，避免社会排斥。

（5）保障各市民阶层，特别是中低收入阶层，拥有满足其需求的合理居住空间的权利。

（6）加强短途公共交通建设，坚定不移地推动步行和自行车出行。

（7）巩固和扩大教育领域的供给，充分挖掘教育领域各个层面的既有潜力。

（8）与各参与方一起加强能效、节能和可再生能源方面的发展，努力实现本地区未来能源消耗 100% 来自可再生能源的目标。

（9）减少地区的土地面积消耗。

（10）将文化生活作为提高整个地区生活品质的重要因素，该因素对投入科研单位和外来经济企业与投资有很强的促进作用，应将其理解为可持续经济发展的一部分（图 13-1、图 13-2）。

■ 图 13-2　弗赖堡市绿色交通

13.2 全方位生态学习——德国环境教育

13.2.1 德国市民行动实施举措

1）生态指导方针

德国良好的法制执行力使德国人在全世界树立起依法办事、依法维权的良好形象。德国的环保已成为人们的习惯，融入德国市民的日常生活。如弗赖堡的环境和环保政策，归功于市民及民间组织的支持与参与。弗赖堡市民间运动和市民的力量保证了政府经济政策的正确性，将发展环保和绿色经济置于重要的地位（图 13-3）。

2）全民生态教育

德国将环保思想推广为一种为大众接受的生活方式，并使其成为社会主流价值观。德国对市民进行全民生态教育。环境宣传教育以及市民参与环境管理已经相当普遍。德国的环境教育分为环保习惯养成教育和环境

■ 图 13-3　弗赖堡市生态社区

■ 图 13-4 弗赖堡市街景

专业知识教育两个部分，家庭垃圾分类等习惯养成教育从幼儿就开始进行，环境专业知识教育贯穿德国整个学历教育体系，环境教育已被纳入国家教育体系（图 13-4）。

为进行全民生态教育，德国采取多形式广泛宣传，通过报纸、杂志、电视、展览、专题讲座、文艺表演等宣传教育形式，新闻媒体在普及环保知识，提高市民环保觉悟等方面发挥着重要作用。媒体对于环保的广泛宣传和报道，提高市民的知情率和环保意识，形成强大的社会舆论力量，制止浪费资源和破坏环境的行为，激发市民和企业保护和参与环保的情况，提高社会对环境管理的监督能力。

3）"国际展览项目"及"鸟类保护项目"

德国每 10 年举办一次国际性的园林艺术展览，促进绿化建设，加强市民的环保热情。选择某个绿化相对薄弱的城市，辟出一块空地，让参加者构筑一座具有民族风格的小"园林"，推动当地的绿化工作。

德国的国家动物园和自然保护区均对外开放，将自然保护的宣传教育作为主要任务之一。市民是完善和实施环境管理制度的根本动力来源，德国全国鸟类保护协会的会员有十多万人。青少年们在协会的领导下，有计划、有步骤地听取有关鸟类的报告，观看有关电影，集体做人工巢箱及供食台等，保护各种鸟类（图 13-5）。

■ 图 13-5 自然保护区——鸟类保护

13.2.2 全民教育——校园里的环保活动

1）正确的配备

尽管参与意识和态度开始于头脑，但具体实施往往取决于良好的技术装备：德国小学配备"环保生态角"试验箱以及专门的科研角，用于进行自然科学教育和环境教育，让孩子们除科学实验之外还能够亲身体验自然；学校在选购技术装备时非常重视环保标准，只采购带有环保标识的复印机，并严格规定只能使用再生纸或可持续发展森林中的新纤维纸；教师桌椅必须经久耐用并简单易修；另外，对于二手设施还有置换交易所，让旧设施尽可能获得新用途，而不是直接作为废弃物处理掉；修建太阳能塔、太阳能教学小径和水车，以便传播与太阳能有关的专业知识。

2）多彩多姿的教育方式

德国将"水"这一复杂的主题结合各个主要的生态问题进行集中的阐述，如水污染、防洪、盐碱化及与之相关的政策问题等；将普通的水内含的生态意义教给学生，引起他们对生态的关注。学生们通过他们的安装"太阳能装置"和"储能装置"项目积极参与并倡导节能和可再生能源的利用，充分显示他们在能源方面负责的态度。学校鼓励学生积极参与由校外机构主办的相关活动，如森林屋和生态站推出的环境教育项目。此外，为入学新生免费派发生态环保点心盒，以减少包装垃圾。

学校还与"小河监护人"项目合作。鼓励通过认领一段小溪来承担一定的环保责任（图13-6）。通过参与这个项目，学生可深入了解大自然，同时积极推动生物多样性和自然保护。

3）推广科学网

老师和学生及其他兴趣爱好者可以通过互联网门户网站"科学网"参与环境教育项目。该网络平台展示有关环境、可持续发展和自然科学的教育基地。"科学网"主要为那些希望将学校课程与考察、郊游和项目日等活动相结合的教师提供服务。

4）市民大学的兴办

环境教育对市民大学是一门普及教育课程。市民大学致力于引导人们有责任意识地利用环境和自然资源。市民大学主办的专题讲座、研讨会、学术考察中，学员不但可以了解到关于环境与健康、环境政策或全球相互依赖等重大问题，也会学到本地具体问题的解决方式，如垃圾处理、区域性能源供应、环境毒素以及与实践相关的个人行为导则。开设的课程内容广泛，如设计和建造太阳能设备的技术性指导，装扮自家花园的具体方

■ 图 13-6 小溪保护

法，等等。远足活动通过与本地环境领域伙伴机构的合作，市民大学可以为各个目标群体提供有关如何积极负责地域环境共处方面的信息和帮助。

5）动物—自然—体验公园

宽广的草地、牧场和原野是来自城市的大人和孩子享受自然、放松身心的理想园地。特别值得体验的事情当属参观动物饲养员们每日的动物喂食过程。园内还有各种适合休憩和野炊的场地，针对孩子们的需要，公园还专门开辟了两处贴近自然的游乐场并建造生态洞屋。德国鼓励市民参与"短期领养"项目，在 1 ~ 2 年的期间内负责养护一个公园，一个运动场，一只动物或一片生态场地等（图13-7）。

■ 图13-7 公园游憩空间

13.3 市民环保参与制度

1）政府部门

实施排污权交易制度和实施押金返还制度：排污权交易制度，运用市场机制抑制污染物排放；押金返还制度，促使污染产品的生产者和消费者回收废品，以利于再生利用或安全存放等。此外，允许污染治理的营运公司收取污染治理的成本、费用。通过实施经济性政策手段，积极运用市场机制的引导作用，刺激市场调节，促使各部门、实体或主动或被动地参与环保。

2）法律保障

德国《环境信息法》规定：人人有权了解政府机关所拥有的环境信息；联邦政府每4

年公布一次联邦德国的环境状态，使各级政府、企业和公民全面了解本国环境状况。德国法律规定：公民拥有环境知情权以及参与环境影响评价报告的评论权、建设权等具体权利。建立公民参政体制，全民动员使环保意识渗透于社会生活的各个方面。

13.4　德国市民的节约用水意识

德国的雨水利用率高。市民使用集雨装置，收集房顶雨水，雨水经过管道和过滤装置进入蓄水箱或蓄水池，借助压力装置把水抽到卫生间或花园里使用（图13-8）。环保组织或基金会支持市民充分利用雨水，开辟网站或热线电话，向居民介绍利用雨水的科学方法，在何处购买蓄水装置，如何安装和使用蓄水装置等。环境部门专门建立网站，向市民介绍节约用水的窍门，学校开设节约用水的课程，家长教孩子在洗碗拖地时如何节约用水。

■ 图13-8　家庭集雨装置

13.5　德国市民花园介绍

市民花园建立和使用的过程是通过个人或团体的承诺，使用者自主地对自身所处环境和生活质量进行改善的行为。这种花园的特点在于植物材料的获取依靠捐赠，栽植养护工作依靠使用者自身的组织，公园内的园艺活动也是由使用者自行安排。市民公园成为吸引该地市民关注的热点。公园内灌木树篱围合的花园空间容纳了动物园、植物园、主题公园、游乐场和运动场，等等（图13-9、图13-10）。这些花园空间的内容和形式，根据需要灵活

■ 图 13-9 植物园

■ 图 13-10 主题公园

改变，以树篱为边界，公园内部内容丰富，提供开放式公园空间与内向式花园空间相互协调、统筹的生态理念。而这些花园各自的空间结构以及花园所在公园的整体结构可以保持稳定持久。各具特色的小花园在这里具有多重作用。

德国的市民花园置于公园内的核心位置，并形成公园的显著特色：

（1）市民花园布局集中，配备达到家庭花园标准的水电等基础设施。

（2）市民负责维护市民花园的边缘区域，参与提出改造边界的建议。

（3）市民花园空间为使用者提供相应的私密性，保证市民自主设计、自由发挥的可能，与公共开放区域分隔（图 13-11）。

■ 图 13-11　游乐场

第 14 章 德国生态建筑

德国的生态建筑，大力发展太阳能、风能、生物能、水力和地热等可更新能源，同时推进节能技术，提高能源利用效率，建筑节能、节水、太阳能利用、生活污水处理、屋顶绿化等方面的研究和实践已使其成为生态建筑和建筑新技术的展示地。德国已成为生态建筑研究、设计、节能技术开发、节能设备研制、法规条例制定等方面的领先国家。

14.1　德国生态建筑发展概述

14.1.1　德国生态建筑开发

城市生态建筑的大量存在与节能的稳定性是发展生态建筑的核心基础，是生态建筑设计与建造技术应用的前提条件。德国生态建筑作为城市可持续发展的要素之一，对生态系统安全、性能稳定，生态服务能力，生态人居系统的健康质量有着重要影响。

1）对生态建筑材料的考虑

生态建筑的设计、建成、运行，以及生态建材的使用对人类生态系统产生持续的影响。德国生态建筑遵循建筑材料的"4R"原则，即可更新（Renew）、可循环（Recycle）、可再用（Reuse）、减少能耗与污染（Reduce）；在建造过程中，使用地方自然资源，体现本土观念，建筑材料的生产、使用、废弃和再生循环利用过程与生态环境相协调，做到最少资源、能源消耗及最小的环境污染（图 14-1、图 14-2）。

■ 图 14-1　生态建筑

■ 图 14-2　阳台绿化

2）生态建筑设计理念的渗透

德国通过建筑布局与门窗墙体构造的精心设计达到充分利用自然气候条件的效果，降低建筑能耗；充分利用无污染的太阳能，通过南向窗和墙体被动利用太阳能及主动集热给建筑提供热水；选择建材时，充分考虑节约资源、减少污染和循环利用的可能；改变观念，倡导一种适度消费资源的新生活方式。

3）建立"生态护照"制度

德国许多城市都建立"建筑生态护照"制度。建筑物在建造前，经过专门机构的严格审核，检验建筑是否符合各种节能指标，以免造成许多不必要的能源消耗。"生态护照"制度对环境保护大有裨益，为业主节省大量的维护和运行费用。

14.1.2　德国生态建筑特点

德国从 20 世纪 70 年代开始，建筑界、生态保护团体和大学科研机构通力合作，进行生态建筑的研究和实验探索。生态建筑是高效益的建筑，用较少的投入取得较大的成果，用较少的资源消耗获得较大的使用价值。德国生态建筑不论理论还是技术都处于世界领先地位。

1）注重建筑材料的选择

德国大部分生态建筑广泛采用当地经过处理的原生木材作为主要建材，尊重环境，在使用过程中具有良好的使用性能，可再利用也可降解，保温性能好（图 14-3、图 14-4）。

■ 图 14-3　生态社区（1）

■ 图 14-4　生态社区（2）

德国东部小镇波普帕乌的生态村"七棵菩提树"支撑房屋的框架用木材搭建，麦秆扎成捆后与黏土混合来填充框架，拥有德国第一座基本用麦秆、黏土和木材建成的新房屋。

古老的材料还与现代化的节能设施相结合，这种房屋的屋顶上装有太阳能板，给房屋提供热水和电力。该生态村拥有居民100余名，每人每年平均用电是德国普通市民用电量的1/3；该房屋的隔热保温效果突出，只有在冬天最冷的几个月需要额外供暖，建造1座现代砖房所需要的能源就可供这种房屋使用15年以上。

2）结构装配形式与生态节能技术的结合

建筑工业化的发展得益于合理的结构装配形式，工厂大批量的生产，快捷、精准的设计、施工，有效的节约社会资源，降低施工的难度，如德国弗赖堡市施利尔伯格山麓的太阳能社区是欧洲最好的太阳能社区之一，社区建筑采用模数化、标准化结构形式装配而成（图14-5）。建筑有良好的保温处理。建筑使用光伏发电板，生产的多余电力并入市政公网。

■ 图14-5 弗赖堡市太阳能社区

德国的生态建筑善于采用多种生态节能技术（雨水回用、生物降解技术、污水废物回收利用及建筑的保温处理等）。如何控制单项建筑围护结构（如外墙、外窗和屋顶）的最低保温隔热指标，以及如何转化为控制建筑物的实际能耗在德国建筑保温节能技术新规范中均有明确规定。新规范提高建筑的能源透明度，为建筑节能技术的发展提供保障。

3）成熟的太阳能技术

德国利用先进的太阳能技术和保温节能技术，从能源消耗大户转变为低能耗国家。他们将富余的电力能源导入城市供电系统，获取供电费用或输送到终端站，为社区的住户或

■ 图 14-6　弗赖堡市沃邦社区生态建筑

其他公用设施使用，使生态建筑保持能源盈余。如德国盖尔森基兴（Gelsenkirchen）日光村联排式的独立住宅，每户收集的太阳能除满足自身使用外，多余的能源会被输送到终端站，供社区内的住宅使用。

4）明确生态建筑的基本目标

德国生态建筑基本目标立足于减少资源能源的消耗，保护自然生态环境，创造健康舒适的室内外环境，使建筑生态、经济取得平衡，实现与环境的"零污染"（图14-6）。

14.1.3　德国生态建筑设计

1）生态建筑注重可持续发展——柏林国会大厦

柏林国会大厦的前身是具有 100 多年历史的帝国大厦。1992 年两德统一后，德国将国会大厦作为德意志联邦议会的新地址，改建成为低能耗、无污染、能吸纳自然清风阳光的典型环保型建筑。

这座建筑节能、环保的关键是国会大厦顶部直径 40m，高 23m 的玻璃圆顶。圆顶中央是一个嵌有 360 块镜面玻璃的锥形体，圆顶与锥形体二者之间的透光和反光作用，使国会议事大厅得到充足的自然光。圆顶内有一面可随日光照射方向变化而自动调整方位的遮阳板，用以避免直射阳光的热度及晃眼的光线对室内的影响。圆顶上设有太阳能发电装置，作为大厦的部分动力来源。德国利用地下蓄水层循环利用热能，夏季将多余热量储存在地下蓄水层中，以备冬季使用；冬季将冷水输入蓄水层，以备夏季使用。大厦的动力燃料由矿物材料改为植物油，降低 CO_2 的排放量（图 14-7 ~ 图 14-9）。

圆顶的自然通风是生态建筑的关键，滞留在室内高处的暖空气自然地从圆顶中央的锥形体排出，锥形体与一系列的其他风口、风道共同构成一套自然且能耗极低的通风系统。附设在锥形体内部的轴流风机及热交换器则从排出的空气中回收能量，供大厦循环使用。暖空气流走后，室外的新鲜空气则由建筑物西侧位置较低的门廊送入，以低速气流在议事堂内扩散，慢慢到达各个角落。

2）新技术生态智能建筑——维多利亚保险公司总部大楼

德国杜塞尔多夫市的维多利亚保险公司总部大楼资源利用高效循环，建筑环境健康舒适，日照良好，自然通风，控制室内空气中各种化学污染物质的含量；建筑功能灵活适宜，易于维护。维多利亚保险公司总部大楼采用智能玻璃幕墙、置换式新风系统等建筑技术，这座建筑在 2000 年被德国权威机构授予德国生态环保一等奖。

■ 图 14-7 国会大厦（1）

■ 图 14-8 国会大厦（2）

■ 图 14-9 国会大厦（3）

智能玻璃幕墙建筑：采用双层玻璃幕墙，在设计过程中确定双层幕墙的基本构造，如通风形式、进风口大小、开窗形式、遮阳中间空气层宽度等技术数据。大楼接近杜塞尔多夫机场，从机场安全考虑，要求降低大楼玻璃幕墙对雷达波的反射作用，所以在大楼面向机场方向上采用加入纤细钢丝的 20mm 厚胶合玻璃。

置换式新风系统：总部大楼的置换式新风系统进风装置设在固定外侧幕墙的竖框之内，每一竖框内侧左右各设 22 个直径 60mm 的圆形进风口。进风口内侧有特殊合成材料制成的防护网。出风口设在位于楼顶高度的水平方向百叶之中，铝合金百叶倾斜角适宜，有效防止雨水进入幕墙内侧。

相对独立的通风系统：总部大楼建筑施工安装时垂直方向在楼板高度上完全封闭，单元与单元水平相接处为构造变形缝，相互之间形成夹角，窗框和玻璃都是平面的双层幕墙单元，围合成圆形的建筑体量。

14.2 德国生态建筑特色

14.2.1 绿色生态建筑

1）德国汉诺威市的"莱尔草场"住宅区

"莱尔草场"住宅区，69 套院落式上下两层的民居错落有序地分布在此。楼房外部与内部设计各具特色。住宅区内，植物与居住空间融为一体，互为依存，展现多层次的新住宅理念。德国植物生态建筑是古老的建筑学和年轻的生态学有机结合的产物。"莱尔草场"是"植物生态建筑"的"样板"，代表未来民居的发展发向，"植物生态建筑"符合现代人的心态,具有广阔的发展前途。自然与简单的居室设计渴望把田园气息带进家庭生活之中。"莱尔草场"的居室只见麻织地毯和用玉米皮或麦秆编织的草垫等铺设在地面,随意而亲切。

"莱尔草场"的居室使用植物为原材料织成的墙纸,无毒无味,吸湿,透气性能好,反射光线柔和,色彩典雅古朴,与整体环境融为一体。住宅区使用木质马赛克作为装饰材料。木质马赛克以硬质杂木或杂木的边角料为材料,利用木质纹理和天然色彩拼出绚丽多彩的图案。

2)德国波茨坦能源中心

波茨坦能源中心位于德国波茨坦城斯坦大街,是政府能源供应中央管理大楼,是高技术型生态建筑。主体建筑是由一直一曲两部分建筑围绕阳光中庭组成,东西向布置,形成全时日光办公建筑。一条木质栈桥通达大楼入口,栈桥右侧是热交换站,左侧是25m高的能源塔。

中庭是建筑的公共空间与建筑生态设计策略的重要部分。通过中庭的设置改善办公空间的自然采光、通风和局部气候。中庭通过极富张力的曲线形建筑构件的交叠,形成空间活跃的特质,营造出令人愉悦的氛围,使人们乐于在此交流与合作。在中庭的南部设置会议中心。围绕中庭设置办公用房,每间办公室都有充足的日光,办公区采用拱形顶棚单元,内置毛细管式辐射板,达到冬暖夏凉的目的。办公部分外侧设置双层皮玻璃幕墙,形成"生态缓冲层",调节室内气候环境,达到舒适和节能的目的。此外,大楼绿化屋顶和利用地热能的空调系统是设计的重要生态策略。

3)德国汉莎航空

德国汉莎航空是全球规模最大的航空联盟——"星空联盟"的合作伙伴,其新总部大楼位于欧洲最高效的交通枢纽中心,法兰克福机场、高速公路和城际特快列车在此交会(图14-10)。该航空中心的梳齿形平面由10个翼状结构体组成,其间围合出景观中庭作为缓冲区,用以隔阻尾气,并降低噪声。

■ 图14-10 法兰克福机场

法兰克福机场新汉莎航空中心的屋顶由 55000m² 的"玻璃网"构成，办公大楼用先进的工作室和 9 个室内，庭院为 1800 人提供明亮、通风的办公环境。

新汉莎航空中心建材在施工过程中的能源使用尽可能降低，中庭采用自然通风，作为"小气候调节"区，有助于降低建筑的热能耗。庭院除节能作用以外，还为人们提供一个个带有拱顶的迷人空间。中庭上的圆弧壳网由耐弯的方铁焊接，经过流体力学实验，屋顶构建都得到空气动力学优化。加设的扰流器保持构建上方有恒定的中性压强。

新汉莎航空中心享有无限开放性，所有庭院都向员工开放，每一个办公室都面向庭院，感受院中的自然微风。这栋生态建筑的办公楼平衡了工作和休息，是一个高品质的工作地点。

14.2.2　德国生态节能建筑

1）被动屋：供暖零能耗

德国的"被动屋"是将节能理念完美展现的生态建筑典范，其最大特色是利用太阳能和室内热源——家用电器、生火造饭及人体自身的天然热辐射进行供暖（图 14-11 ～图 14-13）。被动屋具有很好的通风、保温和热交换性能，能在没有专门的供热和供冷设备情况下保证室内拥有舒适的小气候。这种采暖方式比普通新房节能 2/3 ～ 3/4，比预制板简易房节能 4/5 ～ 5/6。"被动屋"的造价平均每平方米比普通预制板式或砖式房屋高约 10 美元，成本回收期为 6 ～ 8 年。德国有许多"被动屋"是通过把传统房屋翻修而成，经过改旧的"被动屋"被称为"3 升房"。自从第一座"被动屋"在德国建成以来，它所采用的技术已经在一系列的建筑中得到应用。这些房屋都有高效的隔热层、隔热窗、热回收功能。

■ 图 14-11　被动屋（1）

■ 图 14-12 被动屋（2）

■ 图 14-13 被动屋（3）

"被动屋"利用各种隔热材料和建筑材料保证最低的导热系数（U值），高效的隔热层防止热能从墙壁、屋顶和地板流失。德国"被动屋"采取3层隔热玻璃窗，其U值非常低，保持在 0.7 ~ 0.85w/（m^2·K）。这种窗户在寒冷冬日能达到能量平衡有余。"被动屋"密封得非常好，可以让空气变换最优化，严格控制在 0.4m^3/h（每小时空气交换率）。室内空气由一个小热泵调节，热泵是以太阳能、天然气或小燃油器驱动。除利用被动太阳能外，"被动屋"利用内部热源，如照明、大型家用设备及其他电器的排热，将人及家畜的体温与全面性的保温措施结合，使能源及材料得到充分利用。

2）"3升房"的应用

"3升房"是指每年每平方米居住面积的供热消耗不超出 3L 油。德国旧式公寓每年每平方米居住面积消耗约 20L 燃料用于供暖，德国将近 1/3 的基础能源产品要被住宅供暖消耗掉。2001 年 2 月，德国通过新节能法案。该法案规定，新建筑物必须达到"7升房"的标准，为寻求既节能又有利于环保的新的建筑技术方案，巴斯夫股份公司利用自己的资源和技术优势，将公司路德维希港总部员工住宅区中一幢已有 70 年历史的老建筑改造成德国第一幢"3升房"。"3升房"成为全球既有建筑节能改造的典范，吸引来自世界各地的众多参观者。

"3升房"所在的节能小区位于德国莱茵河北部，共有 7500 套住宅，改造过程中主要采用加强围护结构的保温性能，设置可回收热量的通风系统等措施。采暖耗油量从 20L 降到了 3L，如按 100m^2 的公寓测算，CO$_2$ 的排放量降至原来的 1/7。

"3升房"的节能效果得益于高效保温建筑材料。不断加强围护结构的保温性能，采用储能隔热砂浆技术以及采用可回收热量的通风系统、燃料电池组作为小型动力站的措施。燃料电池为满足现代化公寓楼的基础热能和电力需求开辟广阔的市场。"3升房"在屋面、外墙、地下室顶板等部位都采用高性能保温板材，高性能保温板材拥有极强的反射热辐射，夏日保持室内恒温；冬天可以避免屋内的热气流失，大大节约费用和资源。

"内墙变空调"是一项创新专有技术，内墙使用具有"空调系统"作用的相变储能隔热砂浆技术。这种隔热砂浆的蓄热作用如同室内空气调节系统，其 10% ~ 25% 的成分为蓄热石蜡，通过石蜡遇热吸收熔融、遇冷释放热量的调节作用，使室内温度平均保持在 22℃，湿度保持在 40% ~ 60%，冬暖夏凉，舒适宜人。屋顶上的太阳能板吸收太阳光，用来发电，电能随之进入市政电网，由发电所得收入来填补建筑取暖所需费用；屋内墙壁上悬挂的太阳能电池板，服务日常家居生活，如用来洗澡的热水。

"3升房"3 年来全面的数据测量显示，每平方米每年的供热只需消耗不超出 3L 油，2001 ~ 2004 年之间，平均原油供热消耗仅 2.6L。"3升房"的通风系统确保空气流通得到控制并持续进行，空气质量良好。

3）杜塞尔多夫近郊的独立式住宅

杜塞尔多夫近郊的独立式住宅，严格按照生态和环境保护标准来设计，使用不会造成持续伤害的未加工材料，避免电气系统中的电磁和射线污染，是智能环保的"生态健康建筑"。

能源的消耗大幅度低于建筑物节能标准。85% 的年平均生活用热来自一个太阳能供热系统和地热泵。夏天房里的地热与地表制冷系统相连，维持宜人室温。蓄水池收集的屋顶雨水和生活排水可以用来浇灌花园。多余的雨水流经一个湿沼区，流入地下蓄水池。目前，住宅由更新后的生态供电网供电，车库和住宅屋顶已为安装太阳能系统设计预留了光电池板的位置。

杜塞尔多夫近郊的独立式住宅用一个定制的计算机总线控制系统，统一管理各个独立房间的电气设备，由机械控制的被动式立面系统控制着通风、遮阳，并优化整栋建筑物的电力分配。

14.2.3 德国生态建筑的资助

1）生态建筑的资助措施

德国复兴银行生态建筑计划：专门给新建的节能建筑提供低息贷款。可申请贷款的节能建筑包括被动式太阳能建筑以及利用可再生能源取暖的新建建筑。德国复兴银行生态建筑"减少 CO_2 排放量——旧房节能改造计划"，降低既有建筑能耗，减少 CO_2 排放量。根据既有建筑的建造年限、节能改造措施及减排效果提供不同额度的资助。

被动式太阳能建筑：在低能耗建筑的基础上发展的全新节能概念。被动式节能建筑在室外温度为 - 20℃的情况下，室内不必开空调或暖气就能保持正常生活所需的温度，房屋基本不需要主动供应能量，每年单位面积供热能耗仅为15kW•h，远远低于目前德国的标准75kW•h。被动式太阳能建筑节能效果，只需通过材料、设计、施工等手段就可实现，采暖能耗每年不超过15kW•h，每年每平方米的原油消耗量不超过1.5L。

2）对于可再生能源的利用

德国针对生态建筑推出"可再生能源计划"和"太阳能发电计划"两项计划，对利用可再生能源发电的项目提供长期低息贷款。受到资助的可再生能源包括太阳能取暖及光电装置、生物能供暖装置、浅层地源利用、深层地源利用、水力发电装置、垃圾及沼气发电、风力发电装置（图14-14）。

■ 图 14-14 风力发电装置

第 15 章　德国可持续性城市措施及应用

生态环境作为德国全面可持续发展战略的重要组成部分，所涵盖的范围广泛，涉及环境媒介，如土壤、水和空气的保护，对动植物天然多样性的保持和繁衍，符合环境可持续发展的森林管理，垃圾和废弃物管理以及城市与交通规划等内容。德国的可持续性城市措施及应用为民众创造了一个可持续的经营与生活环境。

15.1　德国可持续性城市发展

15.1.1　生境联网保障物种多样性

德国为保护众多动植物的生存空间，提高其生存质量，并将许多因居住区建设而被隔断的生境重新连接，建立大尺度的生境网络，让地生动物和植物具有与人一样的"友好生存的尊严"。德国生境网络中，自然的山旁土坡和田间小路扮演重要的角色，低地的小溪与沟渠和城市边缘自然保护区的作用不可小觑。传统的地境连接各个生存空间的轴线，没有被繁忙的公共交通严重阻断。德国建设生态网络连接轴线时，使其具有动物迁徙走廊的功能。这一点对于穿越公路的地上或地下通道，以及对于市区与郊外溪流两边的绿色走廊十分重要。

德国保证物种的长期生存，不仅保护各个生境间原有的连接或创造新的连接，生境网络也将努力提高生物栖息空间的密度，让动植物在其中获得最佳的生存环境。很多物种（尤其是流动性不强的物种）只有当其生长区域中该物种个体数量剧增，导致种群数量过多时，才会被迫离开其原来的栖息空间。这类物种在单个生境间的迁移往往会跨越较长的距离。这种自然选择方式通过强化原有种群来提高物种扩散的压力（图 15-1）。

德国可持续性城市中的重点空间针对性地发展生境，将其通过相关的发展和联合措施连接成网络，对这些重点空间进行详细记录并制定适宜的措施。根据平衡原

■ 图 15-1　鸟类的生境空间

则，任何因建造居住区而导致的对自然和景观的破坏必须在其他地区获得补偿。德国补偿用地位于上述的重点空间内，使生境网络可直接从可持续性城市的开发补偿措施中获益。

德国绿地的规模及位置符合可持续性城市建设的生态要求，对城市小气候的调节产生重要的作用，可作为重要的平衡空间和空气流动通道（图15-2）。绿地上由于水汽蒸发和树木阴影可以产生冷空气并使温度降低。这一降温效果同时也能影响绿地周围的建筑物。在无风的情况下，通风"走廊"保证新鲜空气在生态城内流通，有效地缓解高温压力。

■ 图15-2　绿地

15.1.2　德国生态城规划设计生态的特点

德国可持续性城市最重要的特点分别是建筑用地的集约化设计、市区内部开发优先于外部开发，空置土地的重复利用，加强城镇以及地区之间在德国生态城土地开发方面的渗透与融合（图15-3、图15-4）。

环境调查：德国生态城在规划设计的制定过程中进行环境调查，在选择和划分新的建筑用地时将相关的环保需求作为重要因素纳入考虑范围。

土地现状报告：德国为保证谨慎地对待有限的土地资源，用标准的方法了解土地现状和变化，记录所有土地和地下水中过去遗留的污染和目前有害物质的污染状况及评估，侵蚀和土地使用造成

■ 图15-3　土地开发

的威胁。在此基础上确认土地较敏感或受污染的地区，并向其使用者或所有人提出有针对性的措施建议，根据报告建议处理土地负担所带来的风险和危害。

生态城土地规划：在决定是否增加新的建设用地之前，必须核查在德国生态城内是否存在合适的可用土地，同时必须优先使用那些对自然和环境造成影响最小的建筑用地。土地规划赋予城区内部开发绝对的优先权，其被视为实现可持续发展的一个重要组成部分。德国土地规划设计将新增建筑密度控制在一个合理的范围，保证并提高城市建设的质量。

■ 图 15-4　土地开发

德国利用市区内建筑物之间的空地、空置土地或建筑密度降低的地块来改善城市面貌。同时，具有城市生态功能或休闲功能的公园和绿地等市区范围内的地块获得妥善保护。

查勘受污染土地：在德国"过去遗留的污染"这个概念涵盖的意义十分广泛，既是指已经关闭的垃圾处理场地，其他地表层处理或堆积过垃圾的土地，也指那些已经关闭的，但曾经与有害物质接触的工业企业的所在地。根据调查，找出此类土地的所在位置，在必要的情况下进行隔离和清理。

15.1.3　德国可持续性城市的建设经验

1）健全的环保体制

根据法律规定的不同权责体系，德国在联邦、州和地方三个不同层次设定相应的组织机构。地方环保主要由城市和乡镇负责。德国宪法明确、清晰地规定联邦、州及地方的环境职责和权限。联邦是环境政策的主要制定者，州是环境政策的主要实施者。此外，德国建立完善的环境管理监督机制，包括法律监督、财政监督、司法监督等。联邦政府坚持三大基本原则，即预防原则、肇事者责任原则、合作原则。德国的刑事警察当局建立专门负责侦查环境犯罪案件的组织。为保证评估的质量和独立性，德国进行环境评估。

2）合理规范碳排放交易

德国按照《京都议定书》和相关法律严格要求，每个企业在申报排放权指标时都按照技术标准核实自己的机器设备排放 CO_2 情况等。排污权交易是一种经济环保理念，适用于所有企业总的温室气体排污量上限标准，并根据此上限发放合法的污染物排放权利。德国对国内所有机器设备的 CO_2 排放量进行调查，对于排放量达到一定数额以上的设备，其生产企业要在与联邦环保局达成自愿协议的基础上，经审核才可取得一定的排放权，并进行排放交易。德国规定严格的申报审核批准程序，按照有关法律法规，获得排放权的企业应缴纳交易费等费用。

3）太阳能资源的利用

德国在建筑规划的前期阶段就已将能源，尤其是太阳能利用纳入考虑范围。德国的环境保护从"上"开始——让更多太阳能设备登上生态城的屋顶。德国从总体上提高可再生能源的使用比例，以此降低温室气体的排放，同时，在屋顶上大面积种植绿色植被。屋顶绿化不仅能改善城市气候，并可吸收、储存降雨，减轻排水管网的负担（图15-5）。

■ 图 15-5 屋顶绿化

4）实施生态税收改革

德国的生态税收改革采取"燃油税"附加的方式收取"生态税"。生态税收的征收对象是汽油、柴油、天然气等。为使公共交通客流量上升，减缓交通压力，不同的用途与品种采用不同的税率，平均税额仅占油价的 12% ~ 15%。

5）大型环保政策的先行

废弃物回收管理政策：德国通过《废弃物管理法》、《包装管理条例》及《循环经济与废弃物管理法》。《废弃物管理法》规定：将大量垃圾堆放场关闭,建立焚烧厂进行垃圾焚烧。《循环经济与废弃物管理法》将废弃物提高到发展循环经济的思想高度,实施生产者责任制,推进废弃物的无害处理。德国过去从"如何处理废弃物"的思路逐渐变为"如何避免和再利用废弃物"，逐步全面推进可持续性城市的发展。

15.2 德国可持续性城市高节能生态标准

15.2.1 可再生能源的补偿利用

1）新设备投资补偿

为使企业不断创新，提高设备利用率，降低成本而采取的补偿。德国政府补偿可再生能源发电新设备，以 20 年为期限，确定新设备的补偿幅度，并适时降低补偿幅度。

2）税收优惠政策

德国对矿物能源、天然气等征收生态税，对使用风能、太阳能、地热、水力、垃圾、生物能源等可再生能源发电免征生态税。

3）融资政策支持

德国对可再生能源利用效果好的企业，政府给予国家担保贷款或低息优惠。

4）可再生能源利用补贴

为提高可再生能源利用率，德国政府对可再生能源给予补贴。此外，不同类型的补贴可以累加。

5）升级智能电网

德国研究智能电网升级系统，平衡风能和太阳能的产量波动，有效利用家庭太阳能发电机和小型燃气发电机。

6）社会参与制度化

德国民众有较高的环保意识和利用可再生能源的积极性。政府通过各种宣传媒体告知市民如何提高可再生能源的利用率，并组建 400 多家专门的能源能效信息咨询服务机构。此外，家庭、农场采购相关设备利用太阳能可获得政府的奖励。

15.2.2 垃圾的处理方式

德国法律规定所有企事业单位必须有分离垃圾的装置，废纸、玻璃、塑料以及金属等垃圾要分开，以保证最大程度的再利用。如德国将饮料包装、废铁、矿渣、废汽车、废旧电子商品经过处理后循环利用。目前德国出口的袋装人工肥料大多来自垃圾回收物（图 15-6、图 15-7）。

此外，德国主要采取 3 种措施处理家庭生活垃圾：

（1）焚烧：比例约占生活垃圾总量的 30%，垃圾焚烧后获取的能源主要用于发电、远程供热等。

（2）填埋：约占 60% 的固体生活垃圾被填埋处理，填埋垃圾降解过程中生成可燃气体，也被进一步回收利用。

（3）堆肥：约占 10% 易腐的有机生活垃圾，经堆放、高温发酵形成肥料，用于

■ 图 15-6 垃圾分类（1）

■ 图 15-7　垃圾分类（2）

农业施肥。

为方便生活垃圾的分拣，德国各居民家庭都有不同用途的垃圾桶，用于分装废纸、金属及普通生活垃圾。每个居民区也设有大型的专用垃圾箱，依据不同回收物被涂成不同的颜色，如"黄桶"收集废纸，"绿桶"收集普通垃圾，"黑桶"收集从普通垃圾中新分类出来的茶叶、蛋皮等餐厨垃圾。由于德国新时期应对生态环境新变化的由上到下，由小到大的环境保护政策法规系统及企业和民众环境意识的形成和培养，德国各地每年数亿吨垃圾得到妥善处理，垃圾的循环再利用每年创造更多的经济价值，为德国可持续性城市的发展奠定基础。

15.2.3　建筑材料的应用

德国所使用的建筑材料种类丰富，很少见豪华昂贵的材料，对材料的加工处理方式多种多样。德国台阶、栏杆、座椅、铺装等户外空间景观很少出现相同的材料和处理方式。如德国的铺装材料丰富多彩，有天然的石材、砖、装饰性卵石、沥青、装饰性混凝土、陶板、透水性材料、草皮等多种形式，不同的铺装材料有不同的意义和符号。

德国的车行道一般采用沥青类路面或水泥混凝土路面，彩色沥青有很大的发展空间，可用来标定特殊用途路面，既有很好的景观效果，又能提高道路的安全性。在慕尼黑中心历史街区是限制机动交通的步行街，仅允许部分公交线路通行。街区周边与内部道路都辟有专用自行车道供人们游览整个街区。在新建的部分街区选用传统的石材拼接方式，巧妙地与混凝土等现代材料过渡。

德国几乎每个城市都有自己的自行车道，且道路功能划分很严格。德国的自行车道与人行道之间的区分非常明确。在柏林，不同颜色铺装将机动车道、自行车道和停车区域分开。还有的道路通过完全不同的铺装将机动车道与人行道区分开。机动车道用沥青材料，并与旁边碎石铺装的绿化带在颜色和材料上形成鲜明的对比，对行人起到提醒和暗示作用，实现街道功能分区（图 15-8、图 15-9）。

德国采用亲近自然的材料，很少利用不透水的铺装材料。这类材料渗水性良好，在缝隙中有土壤的地方，还可生长植被。还有些保水性的铺装通过材料内保存水分，抑制路面温度上升。如波茨坦广场将砖块间留有一定的缝隙，促进雨水的下渗，且中间缝隙的土壤中会生长植物。

■ 图 15-8 自行车道（1）

■ 图 15-9 自行车道（2）

15.3 德国可持续性城市典范——弗赖堡

弗赖堡市是一个集自然风光、科技、文化和高生活品质于一体的城市。城市林地绿肺，气候保护与控制 CO_2 排放，空气和土壤质量保护，新能源的使用和推广（太阳能、风能、水资源利用）以及地区公共交通网，创造新的就业机会还有市民居民的主动参与，使弗赖堡市获得新的经济增长和可持续发展。

弗赖堡市利用太阳能、生物质能、沼气、风能等可更新能源，按照比欧洲普通房屋能耗更节约的房屋节能标准建房，节约建筑用地，使用生态环保的建筑材料，缩减城区间的道路交通。环保节能产业成为弗赖堡市经济发展的强大推动力，促进经济发展，增加就业，使弗赖堡市成为最具国际竞争力的德国城市之一（图15-10）。

■ 图 15-10　弗赖堡市鸟瞰

1）太阳能利用

弗赖堡市被称为"太阳能之城"，弗赖堡市许多高层建筑物均设有太阳能电池板。弗赖堡市对太阳能的利用，促进了当地经济发展和城市繁荣，并使气候得到改善。

2）林地保护

弗赖堡市拥有林地 5138 hm^2，林地面积占全市辖区总面积的43%。其中，90%属于自然风景保护区，15%为生态群落保护区，是德国拥有最多林地的城市之一（图15-11）。

弗赖堡市"可持续发展"在城市林业实践上体现的观念："林业不仅是植物与动物的生存空间，也是人们业余活动和休闲的场所。"弗赖堡市提出"走森林经营可持续发展道路"，将生态、经济和社会的协调发展列为国家发展"纲领"。

■ 图 15-11　弗赖堡市林地

3）废气排放系统

为防止空气污染，弗赖堡市建立废气排放记录系统，制定空气质量保护计划，并采取相应的交通规划和完善城市公交设施等措施。对受污染的土壤进行系统性的分析与评估，防止污染物扩散，提出土壤保护、污染防治和污染清除等措施计划。

4）垃圾处理

弗赖堡市的垃圾处置规划，采用"控制垃圾量—垃圾的回收利用—垃圾的焚烧"的处理流程。弗赖堡市的居民将垃圾装入不同颜色的垃圾桶中。城市近 80% 的用纸是废纸回收加工的纸，并对集体合用垃圾回收桶的住户降低垃圾处理费。对于不可回收的垃圾，采取焚烧处理，有毒的废品可放置于流动收集站进行集中处理（图 15-12、图 15-13）。

5）水资源保护

弗赖堡市改变传统污水处理系统，尽可能地收集和利用雨水。弗赖堡市水资源的保护和利用是可持续发展理念的有效实践。

6）环保公众参与

弗赖堡市政官员与市民共同商讨城市的可持续发展，如在造价相同或造价提高的情况下，业主须以合同形式确认采用对环境负面影响减少到最小的能源供应方式，并制定新土地使用规划。

■ 图 15-12 垃圾回收桶 (1)

■ 图 15-13 垃圾回收桶 (2)

第 16 章 德国旧城及遗址保护

德国拥有悠久的历史，灿烂的艺术文化，但同时也曾经历战争的残酷洗礼。德国虽在二战后经济得到恢复，但众多在战争中受损的历史建筑与城市却无法恢复。为使宝贵的文化遗产以及承载历史记忆的城市再次充满活力，德国政府在战争结束后的几十年间一直致力于旧城及遗迹的改造和保护。现在德国的旧城及遗址已经告别战后的废墟，以崭新又蕴含历史意义的姿态展现在众人面前。

16.1 德国旧城改造及遗址修复改建

16.1.1 旧城改造

20 世纪 70 年代，德国联邦政府开始着手进行旧城保护和改造。

1）法律政策支持

德国确立一系列对旧城改造的法律，实行自上而下的资助政策。关于旧城保护和改造的具体做法有 35 项法律，适用于全国。旧城保护和改造由政府领导实施，每年政府拨出专款，再由各地方提出申请。联邦政府承担总费用的 1/3，州和市政府也各自分担 1/3。联邦政府的拨款用于公共设施，而私人住宅的维修主要通过政府无息贷款、政府拨款、私人投资和税收优惠来落实。

2）协调产权问题

德国旧城改造发展的主要措施是修缮旧房屋，对其进行现代化更新，重新供人居住。修缮旧房屋时遇到的最棘手的问题是产权问题。德国政府为协调产权问题，制定了一套灵活、高效的协调方法，旧城发展更新项目开始之前先澄清房屋所有权。如柏林的一个旧城发展区有 96% 的建筑找不到房产所有人。为了解决这个问题，柏林市政府首先接管这些房子，负责进行维修直到房屋所有人被找到为止，两年之后，大部分房产所有者被找到。房产所有人必须承担起修复的责任，同时偿还柏林市政府曾经为他们付过的款项（图16-1、图 16-2）。

3）注重历史文化保护

德国无论是大城市还是小城镇都很重视对城市历史文化的保护。在德国城市旧区内没有很宽的马路（有的路面还保留着原来的石块铺装），也很难看到超高层建筑，每座城市都显得富有历史感和文化品位。德国城市规划是在基本保留原有城市格局、空间形态和建筑风格的基础上，进行合理的功能划分，原有建筑通过改造与再利用符合现代生活的需要。风貌建筑与旧建筑基本维持原来的外观，只是对其内部根据现代生活的需要进行改造；对文物古迹，不惜重金维修并要求周围建筑与其协调（图 16-3、图 16-4）。

■ 图 16-1　柏林旧城建筑

■ 图 16-2　旧城区

■ 图 16-3　经过修复的旧建筑（1）

4）让旧城保持活力

为解决内城日渐衰退的问题，德国地方政府普遍采取一系列措施使旧城保持活力：

（1）将传统市中心商业繁华地区变为步行街，使街道恢复为人服务的性质，体现以人为本的思想。

（2）在内城周围或地下建立许多停车场，以解决停车问题，吸引人流。

（3）改善公共交通系统，保留传统的有轨电车线路，较为密集地布置出租车站点及公共汽车站点，方便市民出行（图16-5）。

（4）注重街头雕塑与小型广场的建设，为人们创造更多的交往、游憩与休息场所，活跃公共场所的气氛（图16-6）。

（5）保留风貌特色与格局，尽量减少拆迁，对于新建的建筑则严格要求与环境

■ 图 16-4 经过修复的旧建筑（2）

■ 图 16-5 有轨电车

■ 图 16-6 小型广场

■ 图 16-7 具有历史气息的街区

的协调，为市民创造具有历史和文化感的街区等（图 16-7）。

16.1.2 遗址修复改建

从战后德国许多旧城重建的实践中可知，历史建筑保护已成为社会生活的一部分。德国文物保护不是单纯的保护，而是在利用中保护。古建筑可作为办公室、文物陈列室等，一般不闲置。受德国历史文化的影响，德国保留许多古建筑，古建筑蕴含的艺术性、历史性都使其成为世界历史文化的重要遗产。但因战争原因，德国许多建筑都遭受到严重的破坏，为了保留人类重要的历史文物，德国政府与民众齐心协力共同为旧建筑及遗址改建作出重大努力。

1）科伦巴（Kolumba）艺术博物馆

德国科隆市几乎在二战中完全被摧毁，科伦巴博物馆也未幸免于难。馆中保存着罗马天主教大主教区一千多年以来的艺术收藏品。设计师在后哥特式教堂的废墟中重新设计了一座精美的建筑，既考虑到该地区的历史，也保留了精华之处。

设计师大胆地在保留博物馆原有精髓的前提下，进行再创造，采用灰色砖将四分五裂的建筑基地缝合。这些建筑碎片中包括哥特式教堂的遗存、罗马及中世纪建筑的石头废墟，以及德国建筑师戈特弗里德·伯姆 (Gottfried Boehm) 在 1950 年为"废墟中的圣母玛利亚"建造的小教堂。

重新修建的博物馆内有 16 间展室，建筑中央还有一处"秘密花园"，供人们休憩、冥想。

这种对于遗址全新的视角与大胆的解决方式，为古建筑的重建提供了新的思路，比起通过围合方式对于历史废墟的保护或者干脆连根拔起，科伦巴艺术博物馆更像是从遗址废墟中孕育出的新生命。作为建筑遗迹，其本身存在的意义再次得以完美地展现。

2）德累斯顿圣母教堂

具有 200 多年历史的德累斯顿圣母教堂在二战期间被摧毁。1990 年，知识分子和艺术家组成民间组织发起为重建圣母教堂募捐的活动。重建圣母教堂协会有会员 7000 人，他们积极活动于社会各界进行募捐。全世界 50 多万人为重建参加了捐献，其中包括许多当年与德国交战国家的公民，英国圣母教堂重建基金会为教堂顶端捐赠了一个高 8m 的 24K 镀金闪闪发光的十字架。

1994 年，德累斯顿圣母教堂修复重建工作正式启动。圣母教堂的重建工程始终秉持"生态"、"尊重历史"的原则，避免使用过多新建筑材料，所用建材 43% 是从原教堂废墟中挑拣而来。人们从 7110 块旧砖中挑出 3539 块重新使用，重建所需的材料重达 6 万 t，其中废墟材料利用率达 34%。

2005 年 10 月 30 日，德累斯顿圣母教堂修复工程正式竣工。施工部门用 11 年时间，按照最初的设计图纸并采用最新技术对教堂进行了原貌恢复。重建后的圣母教堂高 91.23m，宽 50m，塔顶高 7.5m。巨大的砂石穹顶外部直径为 26m，重达 9000t，是阿尔卑斯山以北最大的建筑穹顶。

3）德国国会大厦

德国国会大厦于 1884 年开建，工程耗时 10 年，融合了希腊复兴式和威廉时代的美学特性，曾一度是帝国强盛时期的象征。二战结束后，国会大厦只剩下一片残垣断壁。20 世纪 60 年代，由建筑师鲍姆加腾 (Paul Baumgarten) 负责对大厦进行历史上第一次大规模的修建，包括外观修复和内部改造（战火中被炸毁的大厦穹隆顶因政治、资金和技术等原因没有被纳入到这次修建计划中）。

当时德国的旧建筑改造还未注重历史的延续，鲍姆加腾主持的国会大厦修建采取了内部全面更新的原则：原有内墙面被彻底覆盖，取而代之的是所谓"现代化"的空间景象。改建后大厦虽然摆脱了断壁残垣的样貌，却被割裂了政治文脉，历史真实感也荡然无存。

30 年后，英国建筑师诺曼·福斯特主持大厦新一轮的重建工作。福斯特认为改建工程应建立在尊重历史的前提下，他曾表示："历史已成为过去，人们不能亵渎它，只有尊重过去发生的一切，历史的教训才更鲜明，更深刻。"

福斯特以 19 世纪的原貌为研究基础，将过去百年中建筑所经历的各时期历史信息重

■ 图 16-8　柏林国会大厦

新分析和梳理，运用局部冲突的审美方式将建筑饱受的创痛和历次修建痕迹批判性地加以展示。如大厦西面主入口的 6 根古希腊柱式、巨型山花等外墙破损处被细致地补缺和修复，而断裂的檐部浮雕像，被炸毁的 4 个屋顶转角塔楼，门头镶嵌饰物等维持现状，不再按原样修复（图 16-8）。

大厦室内第一次改造时被掩盖的战争留下的弹孔、轰炸痕迹甚至大量苏联红军和盟军宣示胜利的涂写印迹经挑选后被小心地加以保留和清洗，所有补痕力求自然流露，不作特别掩饰。

这次改建中，大楼在生态和节能方面采用最先进的观念和技术，如地下储热、植物燃油、太阳能发电、双层隔热玻璃、烟囱式自然换风装置等。

第一次改建工程中未解决的大厦穹隆顶问题，在这次改建中得以解决。大厦新玻璃穹顶将现代技术和历史资源巧妙地结合于一体，并将屋顶辟为向公众开放的观光塔台，完全颠覆了 19 世纪穹隆顶作为权力象征的传统形象。

16.2　德国旧城及遗址保护

二战后，德国开始重新规划城市，并意识到保护旧城及遗址的重要性。1971 年，原联邦德国颁发《城市建设促进法》，地方性法的城市更新和发展试点经验推广到全国，联邦和各州政府依法制定相关促进城市发展、保存和更新措施的年度计划。1975 年，欧洲议会通过《建筑遗产的欧洲宪章》，明确了历史保护的责任和意义，旨在振兴衰退中的欧洲历史城市和保护文物古迹。

1990 年，原联邦德国、民主德国两德统一，旧城及遗址保护工作渐渐走上正轨。德国对旧城及遗址的保护追求"保留历史痕迹，同时适应现代社会"的目标。为此，德国采用众多保护方式。

（1）功能置换方式：这种方式有利于建筑的可持续利用和发展，节省大量能源和建材，避免建筑垃圾的产生和对环境造成的破坏，大量功能丧失的历史性建筑通过功能置换方式得以继续。

（2）风格共存方式：使德国旧城的历史风貌得到较好的保存，避免为追求现代感而拆除旧建筑，或为保护旧建筑而建一批仿古建筑等片面、单一的做法。旧建筑和新建筑的穿插，形成不同建筑风格相共容的历史街景立面。

（3）博物馆修缮方式：对于具有高度历史价值的建筑保护，如城市标志性建筑——柏林的勃兰登堡门和博物馆岛、科隆大教堂、波恩古城门等国家级文物往往采取极其细致严谨的博物馆式修缮方式，使其尽可能地恢复到原初面目（图 16-9 ~图 16-11）。

■ 图 16-9　勃兰登堡门

■ 图 16-10　博物馆岛

■ 图 16-11　科隆大教堂

（4）建筑平移方式：采取最先进的高科技建筑平移技术，借助计算机的计算和控制，将选出的保护对象固定于地面上的特殊滑轨上，经过整体提升后沿轨道水平推移至规划要求的新场地，达到保护利用的目的。

德国历史建筑保护的法律和管理权限由各州负责，各州的文物保护组织分为州内务部文物保护局、州行政区域机构及地方自治体 3 个层面。一般建筑物成为文物后登记在各州的名录上，其中具有特别意义的文物成为特别保护的对象。被指定的文物根据历史、艺术、技术等多方面选出，其指定无须经过所有者和使用者的同意，指定后即产生保护义务。

随着文物数量的增加，文物概念也在不断扩充，从原先的单体建筑发展为建筑群、历史街区、城市景观等更为宽广的概念。如今，德国文物保护法的对象已扩大到街景保护，要求历史建筑群在构成、材质、色彩上保持特定历史时期的特征，维护作为街道建筑和城市空间的固有形态。

德国除政府部门以外，也有非官方组织致力于旧城及遗址保护工作，如"德国文物保护基金会"。该基金会现已为超过 2300 个文物建筑提供资金开展旧城及遗址保护、修护工作。

在政府与民众的积极行动下，德国的旧城及遗址保护工作取得丰硕的成绩，成为各个国家争相借鉴的模范。

16.2.1　文物建筑保护

曾经历过战争，又对历史极为尊重的德国对文物建筑保护工作尤为看重。德国对文物建筑的保护工作大致有三点原则。

1）依历史原貌保护文物建筑的完整性

古建筑保护大部分采取以部分复原的方式恢复建筑的历史原貌。采取这种方式的原因主要是欧洲国家的很多古代建筑，宗教色彩浓厚，艺术表现性极强。德国几乎所有的古建筑构件和外主面都附有大量的石刻雕塑，与结构本身共同组成一座古代建筑艺术品，一旦这组建筑物受损，社会为继续发挥其宗教上的作用和影响力与保持建筑物的整体艺术魅力，往往是采取复原的方式恢复建筑的原有面貌。

2）尊重历史，保护文物的真实性

德国对于一些战争中被破坏的遗址会采用考古方法，将古代建筑基址进行残状保护，并结合城市建设和市政道路发展进行展示。通过这种城市建设与文物保护、展示相结合的方法来达到尊重历史的原则，同时也提醒国民勿忘历史，珍惜和平。

■ 图 16-12　优美的周边环境

3）文物建筑周边景观环境的协调与保护

城市现代化建设中，如何协调文物保护与建设的关系，做好文物周边的景观保护，是世界各国在历史建筑的保护上所遇到的共同问题。柏林和法兰克福等城市，在文物建筑周围景观协调与保护方面所做的工作十分出色，在文物建筑周围，开辟较大面积的绿地或树林，文物建筑的正面都修有大小不一的广场。教堂的穹顶和高耸的钟楼高耸出一片绿海，更显威严、壮观，使很多文物建筑都形成各自独立的景观效果（图 16-12、图 16-13）。

16.2.2　历史城市保护

1）保护旧城与另建新区

欧洲国家十分强调传统与现代的城市空间的相互发展。为使保护与发展二者间关系处理得当，德国采取的主要措施是在旧城之外另辟新区，使传统城市的保护与现代城市的建设，在不同区域

■ 图 16-13　优美的周边环境

的不同空间协调发展。如法兰克福市，流经城区的美因河两岸是传统建筑的集中区域，新区发展只能向旧城之外的两侧发展。这种按区域成片保护旧城的方式，保留和延续传统建筑的城市空间，协调了旧城与新区之间规划的关系（图16-14、图16-15）。

■ 图 16-14　美因河

■ 图 16-15　美因河

2）传统与现代的协调发展

德国根据各个城市的实际，突出城市的历史文化特色并与现代城市生活紧密结合，旧城内局部的建设及形式服从于传统建筑及历史名城保护的要求。德国在保护旧城的施工中，会保留原有建筑的外立面，更新内部的建筑结构，或是以复建的方式，恢复原有的历史建筑和传统区域，对个别已损毁的历史建筑进行复建，以重新恢复其历史原貌。如柏林的帝国大厦的巨型穹顶和著名的勃兰登堡门等文物建筑，都是经过修复恢复原貌，并对外开放。

■ 图 16-16　旧城区

16.2.3　小城镇的旧城保护

德国小城镇普遍具有古城风貌。在城镇建设实施过程中，德国将各地对历史文化和对古街小巷的保护与修复作为重要内容。在德国，具有 200 年历史以上的建筑均须列入保护之列，并拨出专款用于维修和保护工作。

德国政府在规划过程中，充分保护原有小城镇格局，重点保护历史文化遗产。对具有历史特色的旧建筑维持其原有外观，只根据现代生活的需要对内部进行改造。

德国对传统城镇、建筑、文化的保护秉持"不是为保护而保护"的原则，围绕传统城镇历史文脉构建一系列第三产业，是当地税收的重要来源之一。德国采用的这种措施保持了旧城及建筑历史价值，使当地居民获得一定经济收益，为本地的文化延续与人文构建作出重要贡献（图 16-16）。

第 17 章 德国城市开放空间

19 世纪，开放空间的概念被提出，随着社会的发展与进步，对开放空间的研究越来越深入，城市开放空间的概念也逐渐清晰。

各个城市根据自身的实际情况，进行不同的开放空间规划，在追求美观的同时，保证生态环境不被破坏。德国的开放空间为当地居民提供各种服务与需求，追求人类活动需求与自然环境之间的和谐统一，为城市可持续发展作出重要贡献。

17.1 德国城市开放空间规划

城市开放空间一般是指供居民日常生活和社会公共使用的室外空间，包括街道、广场、居住区户外场地、公共绿地及公园等。

1996 年出版的《可持续的城市发展——面向资源保护和环境保护的城市艺术》对德国城市土地政策和环境政策进行详尽的分析和论述，开放空间的规划可以具体概括为以下几个方面：开放空间的保护和土地的有效利用；开放空间的恢复和重建；开放空间的质量提高；开放空间的抚育。

城市开放空间的规划与相关机构协同参与。在开放空间规划程序中有严格的逻辑关系要求规划程序及规划结果的透明和公开，规划目标和措施实施具有可操作性，等等。德国城市开放空间规划的具体实施可从以下几方面进行分析：

1) 对开放空间直接进行的规划措施

德国注重自然化的林地与典型的景观结构建设和发展，在规划区域种植树木和有潜力的植被。高强度利用的农业用地，改善其用地的生态结构，提高其美学功能，通过建设人工设施和保护措施改善水体的生态功能。

对于绿地和空闲土地，德国采取粗放式利用，防止居民对绿地的过度利用而造成破坏。有计划地进行部分限制，保证动物和植物正常的栖息和生存，使生物圈系统更加完整和有序。

居住区边缘的设施建设对于开放空间规划具有重要价值，是居住区向自然空间的过渡。如林荫道、孤植树、树丛、租赁园地、果树疏林草地和林地等自然要素对居住区边缘的景观改善意义重大（图 17-1、图 17-2）。

2) 城市生态性措施

居住区规划和产业区域规划都要以生态为指导。对居住区进行规划时，需考虑居住区的生态整体性，如交通建设、废水处理、垃圾处理、能源供应、绿色体系和建材供应等均应与生态建设相和谐。为改善居住区环境，规划时还通过租赁园地、建筑间隙和外围环境绿化、雨水收集回灌设施等建设，提高居住区的生态功能和居住的舒适度。

■ 图 17-1　居住区周边的孤植树　　　　　　　　■ 图 17-2　居住区周边环境

产业区域规划应注重节约土地，保护当地的公共和私有开放空间，保护和抚育产业区域边缘的自然和景观，地下水的回灌和涵养，屋顶和墙壁绿化，街道和停车场绿化，整体性的能源供应概念，减少挥发和放射性污染物，以及整体性的垃圾经济学概念宣传推广等。

保证城市生态性的另一个关键因素是街道空间绿化。对于城市绿色网络体系的形成，街道绿地构成重要的网络骨架。对于城市交通噪声和废气的屏蔽吸收、动物的迁徙运动和生存、居民的休闲活动均具有巨大的生态和社会意义。

3）居住区入口区域规划

居住区入口规划常运用林荫路、树丛形式以及别具特色的大门形式。林荫路、树丛形式需要满足居住区和外围自然景观空间的有机过渡要求，强调居住区的边界感，交通车辆的速度应加以限制，需具有一定的可识别性（图 17-3、图 17-4）。

大门形式与林荫路、树丛形式相同，也需具有识别性。因此，大门需要依据居住区的区位和环境条件注重造型和艺术风格的独特性。

4）开放式绿地和公园规划

开放式绿地和城市公园的规划中，提高绿地的可利用水平是问题的关键。绿地应具有使用形式的多样性，抚育措施的自然性和粗放性，儿童活动的便利性和自然体验性。

■ 图17-3 住区入口处的林荫路 (1)

■ 图17-4 住区入口处的林荫路 (2)

17.2 德国开放空间规划程序

德国城市开放空间规划是与城市修建性总体规划和土地利用规划平行的城市总体规划，涉及多方面的专业知识，如社会学、医学、生态学、文化历史、城市规划和法律，等等。

德国开放空间规划已经形成比较成熟的规划程序：

1）确定规划目标

接受规划任务书后，明确规划任务范围和规划权限。了解城乡居民对开放空间的要求和期望，形成总体的规划目标。

2）分析现状条件

依据不同的规划要求对现状条件进行分析。对当地居民的规划建议和规划要求进行收集汇总。依据开放空间类型，对规划区域的概况、居住区的历史发展沿革等方面进行描述。

3）准备实际情况分析资料

德国开放空间规划程序中需要大量准确可靠的数据资料支持，例如居民的基础数据，对生态性要素进行的分析结果以及文化要素的分析。其中，生态性要素分析要对规划区域内的地形、地质、土壤、空气、噪声、植被和动物均进行分析与评估。文化要素分析主要针对自然遗产和文化遗产。自然遗产是具有科学、自然演化和地貌特征的自然要素，或者具有稀有性、独特性或优美性的自然要素。而文化遗产是具有历史性、科学性、艺术性的价值的自然与人口要素。

4）听取民众意见

城市中许多开放空间都是服务于当地居民，与居民生活息息相关。听取民众的意见对开放空间规划的成功与否发挥重要作用。听取民众意见，在规划过程中满足民众的合理需求，才会建造出令人满意的开放空间。

5）评价开放空间现状

评价标准依据当地的文化背景、社会背景、景观生态和健康卫生等要素进行制定，预测当地城市发展的可能性和发展趋势，考虑规划目标与经济发展是否协调，解决现有开放空间的使用方式与最优化的利用方式之间的矛盾。

开放空间现状评价主要包括：当地物种多样性和物种保护意义上的开放空间，休闲娱乐意义上的开放空间，开放空间景观的多样性、独特性和优美程度，气候和空气卫生学意义上的开放空间，土地保护意义上的开放空间。例如：当地物种多样性和物种保护意义上的开放空间是对现有土地使用方式、生态价值和濒危的动植物物种进行评价，包括动物生活空间质量与植物生活空间质量的评价等。

6）表述最终规划成果

参照城市其他已有规划成果和对开放空间现状的分析评价，形成新的开放空间发展概念。在开放空间规划思想的指导下，对城市范围内的景观空间、城市分区间的绿色网络、城市生态性措施、居住区入口区域的规划、开放式绿地和公园的规划建设及城市涵水设施等方面进行表述。

17.3 德国土地与开放空间的和谐统一

德国开放空间的规划与建设根据本国土地实际情况进行，从不盲目规划、建设以及施工。德国认为只有土地与开放空间达成和谐统一的关系，才能保证本国土地以及人居环境的可持续发展。

1）法律政策的维护

德国最高层联邦层面的空间规划相关法律文件主要由《建设法典》及配套法律《建设法典实施法》和《规划理例条例》，《空间规划法》及配套《空间规划条例》，此外还有部分针对专项规划的法律法规。

可持续的土地和开放空间政策主要是为确实有效地减少土地资源的消耗，提高居住密度和实现城市功能的整合，并在数量和质量上，对居住区的扩张进行平衡和调节，防止土地浪费。

2）恢复、利用闲置土地

衰落的企业用地和旧有的军事用地称为闲置土地。20世纪90年代以后，由于历史原因，德国旧有的军事设施日渐废弃，废弃军事设施总面积约为30.3万hm²。闲置土地的恢复利用需要一个相应的市场化的闲置土地管理模式。建立规划、生态、经济等多方面的合作机构以及房产中介人、私有和公共清理组织，进行闲置土地的购买、清理和建设。

不同闲置土地的恢复措施不同，如废弃的军事用地的遗弃物不同于普通用地，其清理和改造工作有一定难度，为此每个城市准备制定相应的措施，恢复这些土地的使用。

3）减少居住区空隙的土地资源浪费

居住区空隙过大会造成土地资源的极大浪费。德国为节约土地资源，采取提高居住密度的方式。在居住区空隙地区添加新的建筑，有利于减少土地的浪费，保护居住区的外围土地和开放空间。利用居住区内部的基础设施，如能源供应、公共交通、幼儿园、游戏场地等，减少基础设施建设的投资（图17-5）。

■ 图17-5 儿童场地

4）居住区土地和开放空间开发的补偿和平衡机制

德国居住区内的自然和景观的补偿及平衡,分为"规避"、"平衡"和"补偿"三种措施。"规避"措施是指尽量做到避免对环境的不利影响,将不利影响减小到最小;"平衡"措施是指对于无法避免的不利影响,通过居住区建设过程,将不利影响逐渐消除,予以平衡;"补偿"措施是指居住本身无法根除对自然和景观的破坏,通过周边环境的改善,提高整体空间的生态质量。

以莱茵兰—普法尔茨州的"生态账户"为例。"生态账户"的内容主要是生态补偿用地的储备、管理和抚育,还包括生态补偿用地的位置选择,生态补偿潜力分析,与现有城市生物和景观网络的关系和该土地的法律属性,等等。"生态账户"通过城市景观规划,或绿地规划、修建性规划加以规定。

5）用地规划管理

城市用地规划应当作为城市土地利用最为核心的规划建设手段,实现土地资源的优化利用。城市用地规划和修建性规划、景观规划、绿地规划、景观抚育规划等相结合,形成稳定、科学的居住区和城市建设指导性文件,规范居住区和城市的建设。同时,建立区域性的土地储备政策,协调不同区域间的平衡发展,不同区域间交通和基础设施建设的协商和合作。

17.4 德国儿童空间规划

德国在规划城市空间时,十分注重儿童空间的建设。德国城市几乎每 $1km^2$ 就有 $2 \sim 3$ 个供儿童活动的设施,儿童活动场所的维护也十分到位。德国在空间规划时便将孩子的学习、游憩等种种需求考虑在内,力求创造出令孩子们感到愉快并且安全的专属空间,其中以幼儿园的建设最为突出。

德国人认为空间大小与人际交往的品质直接相关,空间过大会减少交往的机会,而无区隔的开放空间,会增加噪声和身体冲突的机会,不宜于儿童身心健康。德国幼儿园在对室内空间的规划中,会设计大小不同的空间区隔,适合人数不等的小组进行合作学习。

学习活动时,空间区隔的优势便可展现,空间区隔提供各种功能活动区任孩子自由选择,为幼儿交往合作的需要提供场所,促进儿童交往能力的提高。最大的空间一般在走廊或门厅,是整个校园的中心地带,各班各组的幼儿常在此自由交流,或在此集会,孩子们在这里可以初步体会到类似"社会"式的交流体验。

室内空间设计专门的活动区。活动区多以各种手工材料为主,让孩子自己动手创造、制作一些小手工作品,达到寓教于乐的目的。活动区内的材料一般以低结构多功能的为主,用于手工制作、木工、美工、装扮、表演,等等。在孩子选择材料创作时,可以激发孩子的创造能力及动手能力,有利于儿童的早期教育。

德国幼儿园的室外空间规划十分合理。德国幼儿园都设有能容纳几个班孩子的大沙池。德国幼儿园青睐沙池,是因为孩子往往可以在玩沙子时积极转动自己的大脑,想出各种奇妙的利用沙子做出的作品,极大程度地调动孩子的积极性与创造性。除沙池外,室外还有水池、阶梯、木屋以及滑梯、秋千等专门游乐设施。幼儿园室外空间的每个角落都充满乐趣（图17-6）。

■ 图 17-6 游乐设施

　　德国幼儿园空间规划最值得一提的是其所设的安静区。德国几乎每一所幼儿园都会设有安静区，即心理调节室，或称休息区。安静区设在幼儿园较僻静的地方，设施较简单，一般仅有舒适的座椅和简单的玩具，可以让孩子感到放松。如果有孩子觉得疲倦或不开心时，可以来到安静区休息。安静区给予孩子一个私密空间，对孩子心理的保健具有极其重要的价值。

第 18 章　德国游憩空间

游憩空间是指人们消遣、游玩、社交的场所，是人类文化创作的产物，也是传承人类历史文化遗产的载体。游憩空间的规划设计与模式的多样性已成为衡量一个国家生活质量的标准之一。德国注重游憩空间的多样性、安全性以及生态性，力求每一个游憩空间在不失自己风格的同时，可以满足人们游憩的目的，是游憩空间建设十分成功的国家之一。

18.1　德国绿色生态游憩空间

19 世纪末，绿色游憩空间开始成为城市扩展的重要因素。20 世纪下半年，绿色游憩空间成为城镇规划中不可或缺的因素，欧洲许多大城市，绿色游憩空间的数量一度达到顶峰。德国的规划师对德国游憩空间规划作出重要贡献，制定清晰的定量和系统的标准。城市中的绿色游憩空间，无论是相对独立存在，还是城市规划系统的组成部分，均根据形势和功能进行分类，如公园、园林、绿道，等等。

18.1.1　园林

德国城市园林建设注重加入生态设计理念。园林生态理念主要体现在能源与资源的循环利用，节约水资源，注重发挥园林绿地生态效益与环境效益等三个方面。

1）能源与资源的循环利用

德国园林绿地的园路铺装与广场铺地大多采用合理大小的碎块进行铺砌。这种铺装方式使石材得到充分利用，拼装自由，减少石材的加工、浪费。石块之间的缝隙使雨水可以尽快渗入地下或流入绿地中，保障排水的畅通，减少能源的消耗（图18-1、图18-2）。

德国旧工业区转型常将原基地上的材料同时作为建筑材料和植物生长基质加以循环利用，如一些废弃矿道、工业机具、废旧汽车，经过景观设计师的精心设计焕然一新，成为景区绿地的特色景观，体现出工业文化与生

■ 图 18-1　碎石块铺装地面（1）

■ 图18-2 碎石块铺装地面（2）

态理念（图18-3、图18-4）。

2）节约水资源

德国的园林都会设计众多排水设施。例如：道路雨水排放运用金属栅格板将水引入园林绿地中；建筑屋面可将雨水收集，或直接通过暗沟流入绿地，或存储于水桶及蓄水池中供绿地用水。道路和广场铺装的组合弹石铺砌有利于雨水下渗，这些措施降低了园林中雨水对地方水文循环的干扰，减少城市废水收集的负荷（图18-5）。

3）注重发挥园林绿地生态效益与环境效益

以德累斯顿大众透明工厂周围建造的湿地为例。该湿地利用本土植物、自然生长的水生植物或微生物的活动处理雨水与污水，进行循环利用。厂区周围大面积的公共园林绿地上种植了大量树种与自然植物，使当地植物对气候产生积极影响，改善厂区环境，提高环境生态效益。

■ 图18-3 旧工业区转型形成独特景观（1）

■ 图 18-4 旧工业区转型形成独特景观（2）

■ 图 18-5 排水设施

18.1.2 公园

公园作为园林的一个体现元素，具有较园林更鲜明的特色。德国现代城市公园除考虑外在视觉效果、游憩体验感外，还加入生态思想。德国统一后，生态设计思想在德国园林设计中开始普及。德国的生态设计思想主要体现在能源与物质循环利用，对土壤的生态处理，水体净化与循环利用和植被的生态设计。生态元素的加入使德国现代城市公园得到深远的发展。

在景观设计方面，德国现代城市公园一般体现出以下特点：

1）注重细节

德国公园的景观设计非常注重细节，从大块面到园林小品，从水池到花草的种植，从座椅到栏杆、扶手，从铺地拼缝到花坛边缘，都经过精心考量，力求达到艺术与实用性的完美结合。如慕尼

■ 图 18-6 公园内的雕塑作品（1）

黑内阁花园的中心水池设计白、红、绿、灰不同色彩的条状铺装，为水池带来生动、跳跃的感觉。

2）理性主义色彩与抽象的风格

德国的景观设计充满理性主义的色彩，从宏观的角度全面把握规划，重视与哲学、地理学、植物学、美学、建筑学以及生态学的交叉结合，对景观进行理性分析；按各种需求及功能，以理性分析、逻辑秩序进行设计。

德国人喜爱用抽象的表现方式表达艺术的美感，用简单的元素达到与周围环境的和谐。如在莱比锡办公楼庭院的设计中，长长的水渠与水幕墙形成了水的主题，规则排列的不同大小石板、砾石庭院形成了石的主题，大小一致，图案变化的铺地把不同主题完整地联系起来，简洁、统一，却不失变化。

3）注重选材

德国在公园景观设计的选材方面大胆又细致，在注重生态环保的同时，追求艺术性，充分发掘材料本身特点，加强景观的特色与美感。德国的建造技术和材料引领欧洲潮流，用玻璃、钢、木材、石头创造自然亲切、简洁纯净的作品（图 18-6 ～图 18-8）。

■ 图 18-7 公园内的雕塑作品（2）

■ 图 18-8　简单前卫的钢制作品

4）民众的可参与性

民众参与是德国景观规划设计中的一项重要内容。规模较小的工程，景观设计师通过实地调查和访问，与当地居民沟通；规模较大的工程，景观设计师采用小型研讨会及大范围公众讨论的方式进行互通和交流。通过民众参与的方式，创造出让民众满意的公园。

18.1.3　绿道

绿道的概念起源于 20 世纪 70 年代，是指用来连接各种线形开敞空间的总称，包括从社区自行车道到引导野生动物进行季节性迁移的栖息地走廊；从城市滨水带到远离城市的溪岸树荫游步道等。德国建立绿道是为控制城区肆意膨胀，提高空气质量，为人们提供休闲机会（图 18-9、图 18-10）。

根据形成条件与功能的不同，绿道可以分为下列五种类型：城市河流型（包括其他水体）、游憩型、自然生态型、风景名胜型、综合型。

■ 图 18-9　绿道（1）

■ 图 18-10 绿道（2）

■ 图 18-11 废弃铁路

其中城市河流型最为普遍。游憩型通常建立在各类有一定长度的特色游步道上，主要以自然走廊为主，但也包括河渠、废弃铁路沿线及景观通道等人工走廊。自然生态型和风景名胜型主要服务于野生动物、自然科考人员、徒步旅行者。综合型则是将上述各类绿道和开敞空间的随机组合，创造了一种有选择性的都市和地区的绿色框架，其功能具有综合性（图 18-11）。

以旧工业区鲁尔区建设绿道为例。德国鲁尔区将绿道建设与工业区改造相结合，通过7个绿道计划将原本污染严重，破败低效的工业区变成了一个生态、宜居的城区。鲁尔区成功整合了区域内约17个县市的绿道，并对该绿道系统进行立法，确保跨区域绿道的建设实施（图18-12）。

■ 图18-12　鲁尔区绿道

18.2　德国儿童游憩空间

儿童空间是城市不可或缺的重要空间，承载着儿童身心的成长与发展。儿童空间是儿童成长过程中重要的组成部分，儿童在游戏时可以用感官充分体验周围世界，使身体获得充分的舒展。

儿童游憩空间的设计以尊重儿童游戏心理为设计的根本依据。德国儿童游憩空间非常多，面向大众开放，设计简单有趣，成人也可以使用。德国儿童游憩空间规划建设细致、科学，对规划中会遇到的各个方面都充分考虑，场地主题、设施布置、材质选择都是经过充分评估和思考设计（图18-13）。

1）设计主题

德国儿童游憩空间的设计主题主要包括：科教、童话和传统游戏器材。

科教主题主要是通过寓教于乐的形式，让儿童在游戏过程中初步认识世界，获得基本的科技常识，培养儿童的合作精神以及对科学自然的兴趣。童话主题是最令儿童充满兴趣

■ 图 18-13 儿童游憩空间

■ 图 18-14 秋千和跷跷板

的主题，通过让游戏场所充满童话感，满足孩子的求知心理，使孩子在其中更为舒适、愉快。传统游戏器材以跷跷板和秋千最具代表性，三种以上类似器材的组合场地一般即能满足一个社区儿童的需求（图 18-14）。

2）场地选择与布置

儿童游憩空间场地一般选在社区、公园和绿地等开放空间内。社区作为居民居住生活的场所，儿童游憩场地是必须规划的空间，以满足儿童日常游乐的需求。公园本身就是一种游憩空间，所以公园内的儿童游憩空间更为健全，设计更为丰富。绿地主要是指沿河绿地等公共休闲场所，这些场所每隔一段距离会布置一个儿童游憩场所（图 18-15）。

场地布置的两大元素是座椅和植物。座椅主要服务于陪伴儿童的家长们，让家长可以方便看护儿童，增强游憩空间的安全性。植物除发挥美化景观的作用外，同

■ 图 18-15　儿童游憩空间周围环境

时实现围护、分隔、遮阴、隔声等功能。

3）场地铺装

德国儿童游憩空间的场地铺装主要有三种形式：沙地、草坪、软质土及木屑。沙地形式简单经济，最为常见，具有多功能性，是最受孩子欢迎的铺装形式；草坪可满足动、静等多种活动的需要，空间较为开阔，适于场地较大且场地上游戏设施较少时使用；软质土及木屑也是常采用的一种方式，优点是舒适性高。

4）游乐设施

德国儿童游憩空间内的游乐基本设施有秋千、滑梯和吊网。秋千种类多样，基本要求是确保其可支承重量要远远超出成人体重，以保证安全性。滑梯种类多为组合式，一侧供攀爬使用，另一侧设滑梯，偶尔也有在自然坡地上设置下滑坡道的滑梯。吊网主要供成群孩子游乐，可培养他们的协作精神（图18-16 ～图 18-18）。

■ 图 18-16　社区内的游憩空间

■ 图 18-17　滑梯

■ 图 18-18　吊网

18.3 德国游憩空间实例

1）巴洛克式的游憩空间——威廉高地公园

威廉高地公园位于卡塞尔西郊 5km 处，占地超过 2km²，是欧洲最大的巴洛克式山林公园。

威廉高地公园建于 1701～1717 年。公园内有 2 座宫殿，3 座博物馆和 5 个瀑布，其中最具代表性的是威廉宫。威廉宫原是拿破仑一世的弟弟威斯特法伦国王热罗姆·波拿马的官邸，后来又成为威廉二世的避暑行宫，如今已成为宫廷博物馆和美术馆，收藏世界著名的艺术和绘画作品。

大力神雕像和"威廉高地"纪念水景景观是公园最著名的景观。威廉高地山地公园于 1689 年开始建造，沿着东西轴线进行建造工程。大力神雕像后的水库和水槽为一个复杂的阀门系统，并设有液压气动装置、人工洞穴、喷泉和长达 350m 的大瀑布，为巨大的巴洛克式水景剧场供水。在此之上，水槽和排水沟沿着轴线分布，形成壮观的瀑布和激流。

威廉高地公园巨大的规模、山腰上精美壮观的宫殿、顺着高耸的大力神雕像修建的喷水装置均是巴洛克式美学的完美体现。

2）承载历史的游憩空间——三大广场

德国众多城市广场中，以柏林的巴黎广场，慕尼黑的玛利亚广场和法兰克福的罗马广场最为著名。

巴黎广场得名于法国首都巴黎，坐落于柏林市中心。广场最初于 18 世纪 90 年代初建成，1814 年以前简称为广场（Viereck），1814 年 3 月，普鲁士和盟国的军队为庆祝击败拿破仑成功占领巴黎而命名为巴黎广场。第二次世界大战以前，巴黎广场是柏林最宏伟的广场，第二次世界大战后，整个巴黎广场及其周围建筑在战争中遭到严重破坏，周边的所有建筑都变为一片废墟，唯一残存的建筑物就是勃兰登堡门，被东柏林和西柏林政府所修复。1990 年，原联邦德国、民主德国两德统一后，巴黎广场得到重建。柏林市政府召集众多优秀建筑师为巴黎广场的重建项目进行设计规划。现在的巴黎广场上不仅有雄伟的勃兰登堡门，还有柏林艺术学院、阿德隆大酒店、法国大使馆等重要建筑，是世界上有名的旅游胜地（图 18-19、图 18-20）。

■ 图 18-19 勃兰登堡门

■ 图 18-20 法国大使馆

■ 图 18-21 玛利亚广场

■ 图 18-22 圣母像圣母教堂

　　玛利亚广场位于慕尼黑市中心。广场中间是标志性建筑物圣母玛利亚的雕像，西北面有 2 个著名洋葱顶的圣母教堂，是慕尼黑的象征建筑。广场的北面是哥特式建筑的市政厅，市政厅中间是高 85m 的钟楼，上有著名的玩偶报时钟，每天上午 12 点与下午 5 点，报时钟的玩偶伴随着音乐会展现 1568 年威廉五世婚礼大典的场景与消灭黑死病的场景（图 18-21 ～图 18-23）。

■ 图 18-23　玩偶报时钟

　　罗马广场位于法兰克福老城的中心，修建于欧洲中世纪时期，广场中心的正义女神喷泉是其标志性建筑。罗马广场是法兰克福市内仍保留着中古街道面貌的唯一广场。广场西侧为市政厅，东面 200m 外是法兰克福大教堂。中世纪时期，罗马广场是整个法兰克福的中心广场，集市和商品交易会，以及政治性集会和法庭审判都在这里举行。二战时曾一度惨遭摧毁，战争结束后陆续开始重建。现在的罗马广场继承历史的痕迹，被赋予现代的生活色彩，人们在这里休憩、游览，一边感受历史的气息，一边享受现代社会的舒适。罗马广场是游憩空间的成功模范（图 18-24 ～图 18-26）。

■ 图 18-24　罗马广场

■ 图 18-25 正义女神喷泉

■ 图 18-26 法兰克福大教堂

3）融于大自然的游憩空间——巴伐利亚森林国家公园

巴伐利亚森林国家公园位于德国东南部，毗邻与捷克接壤的边境，面积 242km²，海拔高度约 1000m，始建于 1970 年 10 月。

巴伐利亚国家森林公园最引人注目的是一座高达 44m 的巨型蛋形树塔。项目围绕 3 株周长 38m 的巨大杉树，木质坡道总长超过 500m。树塔顶端设有观景平台，供游客观赏公园内壮阔迷人的自然景色，天气好时，还可看见北阿尔卑斯山。

巴伐利亚国家森林公园设计规划十分注重安全保障。以树塔为例，树塔设有木质栏杆和透明网，在保证外观美观和游览质量的前提下，保障游客的人身安全。塔内针对残疾人的设施也极为健全，即使是行动不便的残疾人也可安全、自由地进行游览。

第 19 章 德国太阳能和生物能应用技术

作为资源紧缺国家，德国十分重视可再生能源的开发与利用，太阳能与生物能是其主要发展对象。德国通过各种法律政策手段支持及先进的技术支持，使其在太阳能以及生物能领域处于领先地位，不仅推动本国生态建设发展，同时促进本国的经济可持续发展，成为新兴高端技术的代表。

19.1 德国太阳能技术

德国太阳能资源虽不丰富，但太阳能技术却十分先进，其中光伏产业尤为发达，2008年德国光伏太阳能新装机容量1500MW，远高于位居第三的美国，约占当年全球光伏太阳能装机总容量的27.4%。

德国几乎囊括全球1/3的太阳能设备市场，是世界上太阳能发电技术和成品输出最多的国家。政府大力提供的法律政策支持极大地推动了德国太阳能发电技术的发展。经过多年的科研发展，德国已形成自己完整的太阳能产业链，拥有世界上最先进的太阳能技术和研发团队。

19.1.1 太阳能光伏产业

从20世纪90年代，德国政府推出太阳能屋顶计划开始，德国太阳能光伏产业开始崭露头角。德国《可再生能源优先法》以及其他光伏相关法规规定国家公用电网供电商有义务收购个人或机构利用装置生产的可再生能源，并以电价补贴的形式固定下来。这为德国光伏技术的发展和市场化运作打下了坚实的基础，光伏产业开始迅速发展。目前，德国在光伏领域的技术和行业管理水平处于世界领先地位。从光伏技术应用到发电、发热等领域，德国光伏产业的高速发展离不开各方面对其产业体系的支持与助推。

1）政府政策及法律支持

德国《可再生能源优先法》规定国家对光伏发电补贴20年。其他相应法规还包括:《能源投资补贴清单》、《能源供应电网接入法》、《能源行业法》、《促进可再生能源生产令》、《太阳能电池政府补贴规则》等。

德国为促进太阳能等可再生能源的技术发展，实施一系列国家补贴政策，形成一种激励机制，吸引社会大批投资。德国认为扶持高新技术的发展，培育可再生能源企业，可扩大就业面，增加就业机会。

2）太阳能相关协会积极发挥作用

德国对太阳能光伏产业发展起保障作用的协会主要是太阳能产业协会和可再生能源理事会。太阳能产业协会约有800家成员企业，扮演着业界和政府间桥梁的角色，主要宗旨是将太阳能发展成为能源领域的永久支柱。德国太阳能产业政策调整过程中，太阳能产业会代表企业利益，推动政府补贴下调分步、稳健开展。

可再生能源理事会约有100家成员企业，致力于能源供应安全、创新、增加就业、出口潜力、降低成本、环保及资源节约等方面的工作。该会侧重可再生能源发电领域的信息沟通。

3）技术与创新

德国光电建筑领域极为注重科技创新，慕尼黑太阳能光伏展及两年一度在汉堡举办的欧洲太阳能光伏展均成为太阳能产业发展的重要风向标。光伏产业基于太阳能这种可再生能源而发展，代表高效、生态的高新技术。技术的不断提高与创新会引领各领域在生态方面的发展。

4）推动民众参与

德国认为太阳能相关项目的发展必须建立在全民支持的基础上，大力调动民众参与太阳能共建项目的积极性。太阳能项目资金投入的条件限制非常宽松，约2/3的项目允许居民资金投入。推动民众参与合作共建太阳能项目有利于增加太阳能开发利用的效率和效果，繁荣当地经济，提高民众的绿色环保意识。

19.1.2 太阳能技术在各领域中的应用

1）建筑领域

太阳能技术在建筑中的运用一般可以分为三种类型：被动式接受技术、太阳能集热技术和太阳能光电转换技术。被动式接受技术通过透明的建筑围护结构和相应的构造设计，直接利用阳光中的热能来调节建筑室内的空气温度；太阳能集热技术通过集热器把阳光中的热能储存到水或者其他介质中，在需要的时候，这些储存的能量可以在一定程度上满足建筑物的能耗需求；太阳能光电转换技术通过太阳能电池把光能直接转换成电能，直接为建筑物提供照明。被动式接受技术用常规的技术手段实现，太阳能集热技术和太阳能关电转换技术则更多地体现出高技术的运用。因德国经济实力和科研技术方面的优势，建筑领域常采用太阳能集热技术和太阳能光电技术。

德国埃斯林格尔（Esslinger）工作室的设计师曾建造一幢环保低碳的太阳能住房。这幢房屋的突出特色是太阳能电池板。建筑利用太阳能的常见方法是在建筑物的外墙或房顶上贴上太阳能电池板，而这幢房子采用不同方式。设计师为减少对建材的使用量，节省资源，将电池板当作地板。设计师专门和一些太阳能电池板生产厂商合作，制造一批厚度和牢固度都优于瓷砖的太阳能电池板。这些太阳能地砖的承重能力强，使用寿命长，完全可以满足地板的要求。

这栋房子的许多部件，都是可以随意拆分并重新组装的落地移动玻璃门或玻璃顶棚，阳光可以无障碍地洒进室内，保障了作为地板的电池板接收阳光的需求。这样的住房虽然不适合在城市大规模推广，但仍是太阳能低碳建筑的典范。

2）非建筑领域

太阳能系统的制造成本持续下降，效率不断增加。随着矿物燃料（煤、石油）价格上涨，太阳能装置越来越具有吸引力。德国已经在太阳能系统的开发、生产、规划和安装等方面都积累了大量经验，发明了一系列高效的太阳能系统，并且通过许多推广活动来普及太阳能利用。

德国日常生活中常用到的太阳能设备是太阳能集热器。表面光滑的太阳能集热器多用于低温（小于100℃）状态下的太阳能利用；表面粗糙的太阳能集热器主要用于游泳池加热，有时也用于烘干农产品。德国对太阳能系统工程的进一步开发，使太阳能系统成为德国供热系统中一个不可或缺的组成部分。

世界上越来越多的国家开始使用德国太阳能技术，将清洁环保、用之不竭的太阳能用于家庭用水加热、室内采暖以及太阳能制冷。德国的太阳能利用处在世界领先地位（图19-1）。

19.1.3 太阳能城市——弗赖堡

弗赖堡市是世界上著名的生态城市，在太阳能利用方面十分突出。早在1996年，弗赖堡已安装75个太阳能电池板装置，总

■ 图 19-1 日常中的太阳能利用

容量366kW，成为德国人均拥有太阳能电池板装置最多的城市。弗赖堡市利用对太阳能研究、开发和生产项目的资助以及建设"太阳能城市"等措施推广新能源的利用，集中众多世界领先的太阳能研究和开发机构。在市政府的大力支持下，弗赖堡市推动了太阳能设施的逐步普及。

在弗赖堡太阳能系统研究中心、国际太阳能协会、生态研究所等单位共同努力下，科研机构已成为弗赖堡太阳能开发利用的主要科研力量。在众多相关中小企业的配合下，弗赖堡形成研究与生产相结合的联合开发体制。弗赖堡目前组建了德国最大的区域太阳能设施系统。

推广太阳能使用的过程中，弗赖堡采取一系列政策措施，包括利用在2000年汉诺威世界博览会上设立"弗赖堡太阳能区"展出项目的机会，赢得许多就业岗位。弗赖堡发展热电联合作为向区域太阳能系统转换的中间环节，具有较高的能源转换效率，为远期建设新型能源利用系统打下基础，打破太阳能电池板在市场销售中的价格局限性。

弗赖堡有一幢著名的"旋转别墅"，位于弗赖堡沃邦社区不远的一个高级别墅区里。"旋转别墅"建筑的围护结构为透明墙体，冬季可以让阳光充分地照射到室内，加热室内空气，又能够有效地防止热量的散失。屋顶上安装有太阳能光电板，光电板可以根据一天中太阳的高度角和方位角调整自己的角度和方向，以最大限度地利用太阳能。约54m^{2}太阳能光电板在一天中所提供的功率峰值可达到6.6kW，并能在一天中的大部分时间保持较高

的功率。这种高效利用的太阳能光电板一年可以为"旋转别墅"提供大约 9000kWh 的电能，基本满足建筑能耗的需要。

"旋转别墅"区别于其他太阳能建筑的地方在于建筑自身可以根据太阳的方向旋转。建筑物的基底面积虽仅有 9m²，却可以支撑 100t 的建筑。建筑以基底为轴旋转。这种大胆的设计突破了传统建筑设计中的朝向问题，整个建筑的所有房间都可以接收到阳光的照射，提高太阳能的利用效率与居民的居住质量。

19.2 德国生物能源技术

生物能是一种生态环保，可再生的新型能源，主要包括木材、稻草麦秸、棉花秸秆、垃圾、家禽粪便和工业油脂、废弃物、沼气、生物质气化等。德国一系列的生物质能利用项目显示了德国生物能源技术应用的成功经验，如生物质发电占德国再生能源发电市场份额逐年增长。德国生物能源技术的高速发展为德国生态发展发挥重要的助推作用，使其在世界各国生态建设方面处于领先地位。

19.2.1 德国生物能发展情况

发展生物能可缓解能源市场供应紧张的局面，可给农业发展提供一种新的选择。生物能源具有非集中性，在地区性大面积停电时可提供保护等优点，可用于发电、供热和用作动力燃料。在德国政府的支持下，生物能源已占德国再生能源市场的 60% 以上。

从能源量角度看，生物能源是制造动力燃料的唯一主要的可再生原料。在供热以及发电市场，生物能所占份额也逐年增长，尤其是在供热市场，生物能已占再生能源供热市场份额的 90% 以上。

德国为进一步发展生物能，采取一系列的法律政策支持，使德国生物能源的技术得到大力发展。德国鼓励发展生物能的法律、法规主要有《再生能源使用资助指令》、《农业投资促进计划》、《农业领域生物动力燃料资助计划》、《复兴信贷银行降低二氧化碳排放资助计划》和《再生能源法》等。其中，《再生能源法》对生物能源的资助作了较全面的规定，用生物能源发电可获得补偿及多种补贴。

再生能源发电新设备可获得政府的投资补偿。设备的功率和所使用的原料及技术性能（发电和供暖）决定补偿幅度，补偿期限为 20 年。为了鼓励大众使用再生能源，小型设备的补偿较高。为使企业不断创新，提高设备利用率，降低成本，补偿幅度每年会降低 1.5%。

除补偿外，德国政府还对使用生物原料和技术创新发电及发电、供热联合设备给予补贴。补贴不同于补偿制度，可以累加，不会递减。混合能源如使用特别新颖和有创新的技术将获得技术创新补贴。德国还鼓励新建沼气设备和利用植物原料，原则上小型沼气设备和植物原料设备能获得较高的生物能源补贴。

税收优惠是德国推进生物能发展的又一重要手段。例如：为鼓励市民使用生物动力燃料，德国对动力燃料征收较高的矿物油税，而生物动力燃料可免除矿物油税。

德国对国内的税收严格把关，对国外进口关税严格限制。德国对生物动力燃料征收进口关税，使一些国家低廉的生物动力燃料难以进入德国市场，保障国内生物能动力燃料的稳步发展。

19.2.2 沼气

德国政府对沼气开发利用十分重视，沼气工程设备生产商的数量在欧洲居领先地位，是沼气技术和设备的最大出口国。

德国建设沼气工程多以获取生物能源为主要目的，追求最大原料产气率是沼气工程重要技术指标。德国每年的秸秆产量大约为5000万t左右，畜牧业养殖规模也有较大发展，每天产生的畜禽粪便所含干物质约可达6万t左右。因此，采用农作物和畜禽粪便两种原料进行发酵（全混合发酵工艺）的沼气工程在德国占主导地位。

随着新材料、新技术的发展，德国新建沼气工程有80%采用将发酵罐和储气柜一体化的设计建造模式，可节省工程建设用地、建材和投资。德国农村的沼气工程多采用2个发酵罐串联发酵，第一个发酵罐排出的料液进入第二个发酵罐储存并在其中继续产气，同时该罐还兼作沼气储气装置。储存在第二个发酵罐的料液经过120天左右时间储存后才能排出，作为有机肥喷施到农田里，不存在沼液二次污染问题，是绝对生态高效的方式。

德国的沼气工程所产生的沼气主要用于发电，发电过程中产生的余热还可用于热电联产工艺。沼气发电的方式主要是利用内燃机带动发电机进行发电上网。随着沼气净化提纯技术的进步，已有部分企业把生产的沼气经提纯后输入国家天然气管网。德国所有的沼气工程从设计、建设、施工以及环境保护，包括噪声和排放都严格按照欧盟相关标准执行。

德国沼气工程取得的成就，以及沼气急速快速发展离不开德国各方面的支持与帮助，其原因可总结为三点。

1）国家政策支持

德国政府制定了一系列扶持沼气产业发展的法规和政策。例如：沼气发电上网电价及沼气提纯后并入天然气管网的价格高于常规能源（天然气等），但法律规定电力公司必须无条件上网收购。

德国政府为鼓励沼气投资，规定银行为沼气工程投资业主提供长期低息贷款，贷款额可达工程建设总投资的80%。

2）先进的技术支持

德国充分利用先进的工业技术和条件，沼气发酵工艺、新材料、自动控制技术、配套设备技术开发、沼气净化工艺技术、沼气站运营管理和安全运作、热电联供发电设备研发等方面迅速发展，保证了沼气工程建设的高效可靠。

3）健全的行业体系

德国有沼气专业协会和技术服务性企业近百家，为沼气产业化发展奠定了坚实的基础。沼气发酵原料由工农业有机废弃物扩展到农作物秸秆和能源作物规模化种植，确保沼气原料的正常供应及沼气工程发电和供热的长期稳定运行，提高和稳定沼气工程的经济效益。

第 20 章　德国养老社区

德国人口老龄化日趋严重，养老问题成为德国首要关注的问题之一。打造长者宜居、健全完善的养老社区成为德国解决养老问题的最佳途径。德国重视老年公寓建造，完善老年政策，社区医疗照顾计划，帮助老人支付保险外的医疗费用、住房基金等，为老人的健康生活提供重要保障。

20.1　养老在德国

20.1.1　德国的养老方式

德国有五种养老方式：居家养老、机构养老、社区养老、异地养老和以房养老。

1）居家养老

德国最普遍的一种养老方式。德国很多子女都与父母分居各地，老人在家独居，不进入养老机构，主要依靠社会养老金或其他方式生活。

2）机构养老

德国养老机构包括养老院、老年公寓、临终关怀医院等，由专业人员为老人提供日常护理和生活起居。

3）社区养老

德国的社区养老居于居家养老和养老院养老之间。老人无需专门进入养老机构，只需在家便可享受专业护理人员的护理，护理人员每日会按时上门护理。这种方式使老人生活不用脱离原有社区的人际关系，更为自由。

4）异地养老

指老年人离开现有住宅，到外地居住养老，包括旅游养老、度假养老等方式。

5）以房养老

指老人为养老购买房子，利用房租维持其退休生活。

20.1.2　丰富多彩的老年生活

1）老年人信息交流站

德国的老年人信息交流站以发挥老年人的余热，满足老年人们的要求为宗旨。以柏林一家老年人信息站为例。该信息站由退休老人轮流值班，不计报酬，将来访者的姓名和地址，以及他们求取或准备传授的专业知识内容，均填写在卡片上，以便帮助老年人尽快达成其愿望。根据老年人不同需求，老年人信息交流站还分别建立了"妇女问题咨询服务"、"外语学习班"、"祖母咖啡座"等活动小组。

2）老年"学生"

德国老年人将学习看作是一种时尚，越来越多的老年人进入老年大学或普通大学继续学习。各大学为这些老年学生提供免学费等优惠政策。老年人上大学不同于年轻人，他们学习是因为自身的渴求，通过学习获得心灵上的满足。

3）老年家庭旅馆

德国每年旅游观光的人很多，老年人用闲置的房间开办旅馆。老年人将自己房子的一层（部分包括地下室）改为客房，房内电视机、空调、微波炉、衣橱、写字台等设施完备。德国的老年家庭旅馆为旅客提供方便，老年人也可以此获得一定收入（图20-1）。

20.1.3　德国养老社区的建设

1）老年公寓建设

规模建设：老年公寓房间的规模为标准房间，房间内有卧室、厨房、卫生间、阳台等功能空间，并考虑老年人的轮椅活动范围。

■ 图 20-1　家庭旅馆

建筑选址：老年公寓的选址基本位于城镇中心，方便老年人通过步行和城市交通工具便可到达教堂、市政厅、医院、邮局、超市等场所。

建筑材料：公寓外墙采用色彩鲜亮的天然材料。明亮的色彩会对感观能力逐渐下降的老年人起到视觉的提示作用，天然木质材料和暖色砖墙能增强建筑亲和力。

2）设计理念

德国养老社区规划的基本要求是从老年学、社会学、心理学、美学和医学等新角度来研究和设计老年人的居住区环境。德国养老社区设计从目的、方案及实际设施上考虑老年人的起居、日常事务、个人爱好与习惯、社会接触及文娱体育活动等因素，体现原来生活方式的连续性，尽可能长时间维持老年人的独立生活能力。人进入老年后，身体机能退化，体力下降，所以老年人的住宅设计应从方便和经济角度出发，占地宜小，室内空间紧凑，将老年人平时的生活自理和日常活动的困难最小化。防火等方面的配套设施也同样需要将老年人的实际需求与安全问题考虑在内。

老年人喜静，外界的环境及室内的环境应保持宁静。老年人容易产生孤独感等消极心理，建筑室内宽敞明亮，居住舒适，建筑造型富有生活气息，有助于帮助老年人愉悦心情。

老年人所住的公寓内部设施需健全，家具、卫生器具的尺寸按照老年人的身体特征制定。空间、装置、设备等均根据老年人日常需求设置，如有需要，可以提供专业护理人员，以方便紧急情况可立即采取措施。

养老社区的户外环境设计要考虑老年人的身体情况，道路、交通系统绝对安全、便捷，方便老年人户外运动，同时安全也可得到保障。德国养老社区内采用人车分流或部分分流的道路交通结构，增加社区感和安全感。提供老年人的公共服务项目，如老年活动中心、老年大学、棋牌中心等；有足够面积的室外活动场所；室外环境的开阔平坦，绿地无障碍物，为老年人散步、晨练提供场所。德国养老社区有良好的通风、日照条件，防止噪声和空气污染，为老年人营造一个卫生、健康的生活环境。

20.2　德国的养老保障

德国政府对老年社区市场的政策支持和其他经济领域一样，不直接介入老年居住区市场的开发，仅在政策上给予需要护理的老年人财政补贴提供护理企业税务支持。德国认为公民养老保障体系是国家和所有国民共同协作的成果，老年人是制度的积极合伙人。

20.2.1　德国养老社区的护理制度

养老护理制度采用强制保险的方式，要求公民必须参加养老保险，储蓄保险资金。在公民老年身体机能下降时，由相关机构的工作人员提供护理协助，所产生的费用由保险人支付。

社会护理制度产生于1994年，为新增加的一项社会保险项目，是德国社会保障发展史重要的里程碑之一。对超高龄老年人、残疾老年人、护理需求较强的老年人，按照"共同承担援助义务"的社会保险原则提供护理救济。

1）护理制度的特征

（1）护理保险纳入社会基本养老保险范畴，实行普惠制；

（2）养老护理专业化水平高；

（3）市场化运作特色明显；

（4）监督保障机制健全。

2）护理服务模式

（1）居家养老护理模式。主要以传统的上门护理、日间照料中心和短期托老所组成。居家上门护理：护理人员上门为老年人服务，护理保险按护理级别以固定的金额支持上门护理的服务。日间照料中心：日间照料中心有针对老年人的不同活动，如朗诵、剪纸、记忆训练、下棋打牌和做蛋糕等。短期托老所：亲戚朋友邻居不在的情况或刚从医院回家需康复阶段的老年人，可进入短期托老所。

（2）德国式的老年居住区护理模式。德国近几年出现的一种新型居家养老模式——居家服务监护式公寓。居家服务监护式公寓通常因老年人行动不便而为其新建无障碍公寓。公寓还附加许多老年人服务硬件设施，如需要护理可预订上门护理服务。

（3）机构养老护理模式。可给予老年人24h全方位护理生活起居，将专业护理和酒店服务相结合。

20.2.2 德国养老社区的保险福利

1）德国养老保险制度

德国的养老保险制度包括：法定养老保险、企业养老保险和私人养老保险，后两者被称为"补充养老保险"。

德国法定养老保险是由国家强制实施的社会养老保险，为大多数德国居民提供基本的养老保障，法定养老保险在德国的养老保障体系中居于核心地位。德国法定养老保险采取现收现付的筹资模式。法定养老保险待遇标准由参保人的养老金现值、工资积分和退休年龄共同决定。

德国企业养老保险以企业为主体，企业为投保人，企业员工是被保险人，保险公司则来负责管理企业养老保险的运作。职工在工作期间积攒的养老保险金为退休后的养老金数额。企业养老保险是企业自愿提供的员工福利，企业补充养老保险包括直接承诺、支持基金、直接保险、养老基金和专门养老基金五种实施方式，具体实施方式由雇主决定。

德国是一个实施高福利政策的国家，德国老年人退休后拥有国家、企业和私人三部分退休金。德国的退休保险体制实行"转摊法"，用目前正在工作的一代人缴纳的退休保险金来支付退休人员的退休金，每三个在职员工缴纳的保险金养活一个退休老年人。

2）德国农民养老保险模式

德国农民养老保险可分为三种模式：

（1）平等模式。20 世纪 50 年代逐渐发展，农民退休前，每个农民缴纳一笔费用，待其退休之后，政府给予他们同等的一笔退休金。

（2）额外奖励模式。20 世纪 70 年代，德国农民的退休年龄从 65 岁降低到 55 岁，相当于农民提前放弃土地生产，同时会失去生活收入来源，因此，政府会额外支付给农民一笔养老金。

（3）收入支付模式。20 世纪 90 年代，政府对于退休农民养老金的支付是根据夫妻双方的收入决定。收入是绝对数，需要支付的养老保险金有固定的上限。

第21章 德国绿色交通

德国是绿色交通的领先者，"步行—自行车—公共交通"一体化绿色交通系统成为德国市民主要的出行方式。德国是世界上最早修建高速公路的国家，拥有发达的高速公路网络，智能化已经广泛应用到公路交通的各个领域。

21.1 德国绿色交通管理

德国可持续发展的重要策略是以绿色为主导的绿色交通体系，通过建立"步行—自行车—公共交通"一体化绿色交通体系，使城市摆脱依赖汽车的发展模式，走上可持续发展的绿色交通道路。

21.1.1 德国绿色交通系统

德国绿色交通系统是将"步行—自行车—公共交通"作为更节能，更节省空间，体现健康生活方式的一体化交通系统。随着一体化绿色交通系统的成熟，德国市民对于私家车的依赖日益减少，更倾向于绿色出行方式。

1）推行措施

一是减少汽车交通对步行者和自行车交通的阻碍。如斯图加特的新规划将逐渐减少，取消市中心地面停车，将停车限制在环城路之外，取消机动车主干道对步行和自行车的阻碍（图21-1）。

■ 图 21-1 禁车区

二是提高公共交通的无障碍服务品质，促进有轨电车发展。如斯图加特对城市轨道交通车站进行改造更新，将现存障碍的车站全面升级为无障碍车站。法兰克福继续延伸有轨电车线路，加强完善市区内的有轨电车系统建设（图21-2）。

■ 图 21-2 法兰克福市有轨电车

三是给予公共交通、自行车和步行交通与汽车同等的重视程度。在北莱茵—威斯特法伦州的许多城市，步行和自行车道路网络和轨道交通协调发展，拥有和汽车交通平等的道路使用权，步行者和汽车分离的独立自行车道路规划成为现今德国城市交通规划的重点（图21-3、图21-4）。

■ 图 21-3　自行车道与人行道

■ 图 21-4　自行车道

2）绿色交通系统模式的实施

德国联邦政府将自行车作为公共交通的联系工具，建立自行车和公共交通相结合的三种组合出行模式：

（1）骑自行车转乘公共交通。骑自行车到达公共交通站，将自行车留在原地，搭乘公

■ 图 21-5 火车站附近的租借用自行车

共交通工具到达最终目的地。自行车设施靠近车站，便于市民转乘公共交通。

（2）电话租借自行车。乘客步行或开车到达第一个车站，通过电话租借自行车，使用自行车抵达最后的目的地。租借系统一般设置在火车站和公共交通终站点附近（图 21-5）。

（3）自行车搭乘列车。使用自行车到达和离开公共交通站。目前，除高速列车之外，德国其他城市轨道交通方式，包括城市区域间的短途火车、地铁、轻轨和有轨电车及公共汽车均设置有专门的搭载自行车的车厢，但在工作日高峰期间和夏季休假期间对自行车搭载有相应的限制（图 21-6）。

3）大力发展自行车交通

德国通过改善自行车道和规划新的自行车线路，逐步形成完整的自行车道路网。在城市中心形成穿越自行车道路网，许多进入城市的长途自行车线路被纳入城镇综

■ 图 21-6 自行车搭载专用车厢

合交通网络体系。一些城市道路被设计成"自行车用道"，自行车拥有优先权，在不影响骑行者的前提下允许机动车低速通行（图21-7）。

交通网的规划坚持从民众需求出发，尤其是安全保障需求较强的学生群体。在教育、交通和环境等多部门的合作下，德国许多城市在原有公路、街道的自行车道路网的基础上，由各学校学生亲自参与规划由家至学校的自行车路线。

自行车交通的发展离不开德国政策的大力支持。如法兰克福针对不同人群，实施多样化的促进项目，在市中心范围内为电话出租自行车业务提供了大量出租车，出租点通常临近公共交通站点以及私人汽车停车场。莱茵—美因河地区实施"自行车＋企业"、"适宜自行车交通的企业"、"骑车去上学"等项目。其中，"骑车去上学"项目推行过程中，会对青少年进行自行车安全出行的基本交通法规培训，完善由家

■ 图 21-7　柏林市红色自行车道区域

至学校的自行车路线网，鼓励学生骑自行车上学。各学校根据各自需要规划上学自行车路线，通过交通网的信息上报城市交通部门。

21.1.2　德国绿色交通政策

1）德国公共交通法规及政策

德国拥有完善的城市交通法律法规体系，其中包括《客运交通经济法》、《公共客运法》、《公共市郊客运法》等一系列法律法规，以指导城市交通的建设与发展。

德国政府通过一系列公交优先的政策举措，加大公共交通基础设施供给力度，扩大城市公共交通服务覆盖面，加强一体化衔接配套，设立公交专用线，提高私家车停车收费标准，对私家车征收高额汽油税等手段，大力扶持公共交通发展，通过提升公共交通服务品质，吸引社会大众主动选择公共交通方式出行。

地方政府是城市公共交通基础设施的主体和投资主体。进行道路、轨道线路以及枢纽等建设，地方政府可从德国联邦政府获得资金补助。此外，为保障乘车人的利益，德国相关法律明确规定公共交通企业执行指令性任务需求资金时，不允许通过提高票价弥补费用支出，政府会出资给予企业应得的经济补偿。

2）德国非机动车交通政策

德国的非机动车交通政策包括：道路优先、停车限制以及交通控制三方面。

（1）道路优先权。许多城市修建大量的步行道、自行车专用道，以实现非机动化交通

■ 图21-8 自行车专用道

方式与公共交通的有效衔接，保证公交系统运营的高效性。这些措施包括：设置公交专用道、公交专用路、自行车停车场和停车库、交通信号优先权、交叉路口立体换乘车站等。鼓励市民更多地使用步行和自行车出行，以减少对汽车的依赖（图21-8）。

（2）停车限制。德国居民区安装专门的停车收费表，避免长期停车。对于居民区没有停车收费表的地方，要获得停车准许证。昂贵的停车费用和停车准许证制度降低了汽车的出行，部分交通需求转向非机动化交通方式。

（3）交通控制。德国大多数城市将居民区的车速限制到30km/h以下，并通过变窄街道，拓宽人行道、非机动车道等削减交通量，吸引交通分流到步行和自行车等出行方式。速度限制和其他的交通管制措施在各城市得到严格执行，交通警察监督管理，通过安装在街上的摄像机监督交通情况，自动拍摄司机违反交通规则的行为。

21.2 德国智能化交通

德国是一个交通高度发达的国家，铁路、公路、水路和航空运输全面发展，尤以公路为主。目前全国跨地区的公路网总长大约23.1万多公里，其中1.1万多公里是高速公路。德国不仅拥有世界先进的高速公路网络来承担远程公路的运输要求，还拥有覆盖面广泛的智能技术提高公路运输的可达性及服务深度。

德国公路交通高度智能化并且广泛普及，有效地提高公路网的效率与安全。道路基础设施建设，各种车辆的管理以及各类交通网络的运行信息，形成智能化的组织管理体系。通过智能交通干预，交通事故造成的人员伤亡明显减少，道路通行能力提高，减少交通堵塞，不仅提升公路的使用效能与安全，同时产生明显的经济、社会效益（图21-9）。

德国高速公路的智能化体现在道路信息处理系统、紧急电话系统、道路信息采集系统、路况广播系统、监控管理系统五个方面。

1）道路信息处理系统

德国各州均设有高速公路信息管理中心，拥有庞大的交通信息库。各中心从所辖路段接收的道路信息，通过计算机分析、处理，形成各种控制、管理方案，通过道路信息发布及提供系统，及时传给道路使用者；统计、分析得出的数据分别传给相关管理、研究等部门。

■ 图 21-9 德国公路交通

2）紧急电话系统

德国高速公路上均设有紧急电话系统。紧急电话系统由联邦标准协会制定并设计，交通产品企业生产，沿高速公路每 2km 安装 1 套，有的路段甚至 1km 安装 1 套，并有标志牌提示相应的距离。紧急电话机有黄色警示灯闪烁提醒过往车辆，有的路段在路侧紧急电话机旁，靠近路侧设置隔声设施，在隧道内设置紧急电话室，并有门和灯光照明，便捷实用。如有紧急电话呼叫接入紧急电话总中心，总中心会迅速将紧急呼叫信息传达到各州的安全、急救等部门，进行救援和帮助。

3）道路信息采集系统

德国的道路信息采集系统包括：线圈式、雷达和红外线车辆检测器，视频图像设备，气象检测设备，隧道环境检测设备，车辆超限管理系统等。多功能车辆检测器可采集车辆行驶速度、车辆类型、车辆长度、行驶方向和车流量；视频图像设备可采集车辆及路况真实的图像信息；气象检测设备可采集路段的温度、湿度、雨量、风向、风速、能见度及结冰情况等；隧道环境检测设备可采集隧道内 CO 浓度、火灾、能见度、视频图像及照度等有关信息；称重设备可采集车辆轴重、车速等信息。所有采集的信息通过光电缆或无线电传输到各州高速公路信息管理中心进行处理。

4）路况广播系统

德国的路况广播系统完备、先进。德国生产的汽车，在有紧急的路况信息需要广播时，开启的汽车收音机将自动跳到该区段的无线广播频率上，具有强插功能。道路使用者可以在第一时间内立即获得这一路段的重要路况信息，如天气、事故、交通流等，使道路使用者可及时采取措施，保证交通安全，提高道路使用效率。

5）监控管理系统

由公路交通主管部门负责，与警察部门职责分明，公路交通主管部门负责交通的引导、疏散和信息发布等交通管理，警察署负责道路安全及监督检查等。两者分享信息，互相交换信息。

21.3 德国绿色交通城市

21.3.1 柏林

1）交通规划

德国柏林人口密度不亚于中国北京，但交通状况却要好很多，这得益于其科学、高效的交通系统规划。

柏林轻轨与地铁良性互补，满足不同方向客流量。柏林的环线与多条来自不同方向的线路，在市中心全部或部分重合，再分散向不同方向，使整个交通效率高，在中心地带以最短的时间运输最多的旅客，将客流快速分离。

柏林公交线路规划科学、合理，与轨道相配合，很少重合，以避免不必要的交通压力。德国很多城市重要的线路，只有一条或两条公交车。大部分公交车都是在某一区间内行驶，减轻地面交通压力。

2）地铁引导信息和安全集成系统

柏林市地铁控制中心使用基于数据库的动态管理信息系统，可以实时动态地获得列车运行的各种参数，并控制安装在沿线各个车站不同部位和方向的摄像头、站台上的各种显示牌、乘客求助系统以及广播系统。坐在控制中心即可了解所有列车运行的状态信息和各车站内的动态情况，还可与利用车站乘客求助系统的求助人实现双向语音信息交流。站台内几乎不需要工作人员，节约人力成本，为列车高效、安全、准确、快速的运行提供了技术保障。

3）交通系统特点

柏林市轨道交通系统网络主要有以下特性：

（1）简易性。线路埋深较浅，车站简易，从街角下去就能到达。

（2）便易性。在同一站台上进行换乘多条线路，不用上下穿越或经过长距离通道换乘。

（3）需求性。站台上有长、中、短列车标识，即同一线路在不同时间根据客流情况，有长、中、短各不同长度的列车运行，既满足乘客需求，也保证了一定的车辆利用率。

（4）多样性。地铁的票制多样化：采用单人、团体，与按区、按时，一次性、多次性等形式并存的票制。售票方式多样化：可在车站或人工服务台购买，同时设有自动售票机，售货亭代售等方式。

（5）相邻性。相邻城市之间实现轨道交通联系。这种把城市内的轨道交通和城际间的轨道交通相结合的做法，在城市密集的地区有重要意义。

4）柏林的中央车站

柏林中央车站根据最新绿色建筑设计原则建成，实现了"零距离"垂直换乘，并最大限度地减少与城市地面交通矛盾。

　　柏林的中央车站是一个综合性的大型立体化换乘中心，是柏林中心最高的建筑物。中央车站的建成使得该车站成为全世界最具典型意义的大型综合性换乘枢纽之一。柏林市的城铁、地铁、电车、公交车、出租车、自行车都在此停靠与集散。此外，车站也是柏林一个重要的购物餐饮中心（图 21-10）。

■ 图 21-10　柏林中央火车站

21.3.2　弗赖堡的行车道

　　作为德国著名的生态城市，弗赖堡在绿色交通方面表现极为突出，曾获欧洲"短距离交通奖"。弗赖堡建立了德国最成功的绿色交通系统：步行—自行车—有轨电车。旧城几乎皆为步行区，城市中心设有有轨电车、自行车和步行者共享街道。

　　自 20 世纪 60 年代以来，弗赖堡就已经开始从以汽车为主导的交通政策中转移，于1969 年制定了德国最早的"交通总规划"。随后，1979 年的总体交通规划开始倾向于促进利于环境保护的交通方式。1989 年的整体交通规划将环境保护作为主要目标。

　　弗赖堡通过增加必要的基础设施积极推进自行车和其他交通替代方式的使用。建立自行车路网，包括机动车和自行车分离的道路，混有自行车道的公路、供自行车和公共汽车使用的"环保道路"及汽车必须避让自行车的自行车道。

　　弗赖堡郊区的住宅区建设规划时，弗赖堡政府出资修建直通市中心的有轨电车线路，方便当地住户前往市中心，从而减少私家车的流量，减轻交通压力。

　　对于一些道路较窄的旧城区，弗赖堡政府采取增加有轨电车线路和自行车道的方法缓

■ 图 21-11　弗赖堡市的有轨电车

解当地人的出行需求。旧城的步行区禁止汽车通行，且周边的停车费高昂，一定程度上限制了汽车的使用率（图 21-11）。

第 22 章　德国健康社区

德国是全球倡导社区健康管理最早的国家之一。将投入到医院的部分经费转移到社区，把部分医疗服务项目分流到社区。德国社区在生态、养老等方面成绩突出，社区通过自身的建设与管理，提高居民生活保障，确保社区高度自治，增强卫生医疗服务。健康社区卫生医疗服务为德国社区居民生活提供健康保障，其完善的健康医疗卫生管理体系成为世界各国争相借鉴学习的典范。

22.1　德国完善的健康社区

22.1.1　德国社区卫生管理

德国卫生管理体制为分级管理体系，分为联邦政府、州政府、基层社区三级，德国联邦政府和州政府具有立法权，地方卫生局具有行政管理和服务双重职能。

联邦卫生部制定的医疗保险立法和卫生政策，负责公民的健康状态和医药销售监管方面的工作，对各州的医疗卫生服务进行管理指导，在卫生服务具体实施方面与各州卫生行政部门进行协作。各州的卫生部门负责联邦立法的实施、医疗的监督、医生组织机构建设以及医院的规划和建设。基层社区需执行联邦政府和州卫生部门的卫生规定，负责制定社区卫生计划并落实，对医疗服务机构进行监督和管理，提供社区医疗服务、疾病预防和控制等卫生行政管理和服务。地方卫生局的主要任务是负责卫生工作，包括餐饮业、企业、医疗等方面的卫生、健康防疫工作。

22.1.2　德国社区卫生服务

德国社区设有专门为居民服务的机构，如社区卫生服务、社区网站、综合性的市民服务中心等服务机构。社区卫生服务为社区居民及其家庭提供综合性、持续性、协调性、可及性的卫生服务。社区卫生服务是以全科医疗为中心，财政实行高福利、高税收及全民免费享受医疗保健服务的政策。

1）健康社区医疗服务

健康社区卫生医疗服务主要是由相对独立的私人诊所提供的门诊卫生服务。私人开业医生（家庭医生）有全科医生和专科医生，门诊医疗服务主要由他们提供。家庭医生由德国家庭医师协会管理，单独开业和联合开业现象都较为普遍，护理人员和非专业人员为开业医生的雇员。

居民享有法定的社会健康保险，病人凭健康保险卡可以到任何与健康保险公司有服务合同的全科诊所就医。部分私人医生与健康保险机构签订服务合同，为私人保险公司的病人提供服务。德国社区卫生服务的提供体系是全方位结构。公共卫生机构负责公共卫生、传染病预防和管理，私人医生主要负责提供门诊医疗，各类医院负责住院医疗。德国的全科医疗已建立相应疾病的社区防治指南。

德国的急救医疗服务体系逐渐发展成为统一标准、覆盖全国的专业组织。制定了急救设备、调度中心及系统培训等一系列服务标准。德国的急诊医学服务包括社区医生24h电话服务和急诊医疗。德国急诊医疗体系在每个州都制定急诊医疗法规，以规范医疗服务的结构、人员资格和经济事务。此外，德国的航空医疗服务用于送医疗人员到事故现场以及将病人送到医院。

2）健康社区服务机构

（1）老人院：专门为老年人和老年病人服务的机构。多数为独立的老人院为主，也有与医院合为一体的开办模式。老人院的隶属关系有政府、教会、医院和各种救济基金会，规模大小不等。老人院建筑现代化，设备先进、完善，每区均有餐厅、会客室、休息室。所有建筑和设备均有符合老年人需求的设施，如栏杆扶手、老年身体锻炼场地、老年智力锻炼等。老人院每位病人均有病历，护士遵循医嘱，根据病情分级护理。医生定时到医院查房。

（2）社会站：社会站是为老年人或病人在家庭中提供医疗护理服务和生活照顾的管理部门。社会站与医院、红十字会、教会、急救站，以及各种社会救济团体等均有隶属关系。社会站工作人员有专职医生和兼职人员，病人需要可随时通知，也可随意选择医生护士为自己提供服务。

（3）社区医院：社区医院设立在社区或社区附近以方便病人就诊，是政府认可的私人诊所，由1～2名家庭医生组成。社区医院充分体现出德国医疗保险覆盖率高、卫生资源配置合理的特点，社区居民可以及时得到医治。

3）完善健康保险基金的服务范围

法定健康保险基金提供服务的范围包括：健康促进措施、预防保健措施和健康检查；通过医生或牙医进行治疗，包括提供假牙、药物；协助医院治疗需要长时间精心照顾的病人；针对性的康复医疗和辅助服务；孕妇和产妇津贴等服务内容。

22.1.3 德国健康宣传站

为促进全民健康意识，德国健康宣传站制定长期规划和各种短期的工作任务。每个分中心在各州的城市社区和城镇居民点建立健康宣传站，如果居民区较分散，或者在偏僻的小村，则设立流动宣传站。健康宣传站的工作人员把健康知识带给社区的每一位居民。德国卫生部已在上万个社区建立宣传站，推广健康项目和普及健康理念知识。

德国社区健康宣传站经常开展健康讲座、到居民家拜访等活动。健康宣传站定期邀请专家在社区为居民开展免费咨询和健康讲座。专家通过图片、视频、幻灯等方式，向居民讲解各种健康知识。健康宣传站每个星期都会派宣传员到社区居民家拜访。此外，健康宣传站工作人员也会通过在街头发传单、表演等方式向民众普及健康知识。

22.2 德国健康社区人力状况

22.2.1 德国健康宣传员

德国的健康宣传员掌握公共卫生、流行病学、临床、药学、护理、基础医学等医学方面的知识。社区健康宣传员分布在大城市的社区以及小城镇居民点的社区健康中心。健康宣传员在社区宣传预防疾病的知识，并监测民众健康状态。健康宣传员会不定期发放调查表，收集大众近期关于健康方面的疑惑。每到复活节、圣诞节等传统节日，或者特殊的健康日，会安排宣传车停在社区向社区居民普及相关知识。

22.2.2 德国健康社区护理

德国社区的护理工作以公共卫生为主，基本医疗为辅，服务对象主要是社区老年人、儿童、术后恢复期的病人、慢性病患者等，护理服务内容为慢性病的预防，病人的康复护理，老人、儿童的健康护理等为一体的综合、便捷的护理服务。

社区护理服务人员一般要求有 5 年以上的医院工作经验。护理站的每名护士均配有通信设备，方便及时与病人联系，应对各种紧急情况。一个总部管理多个护理站，各州护理技术监测协会定期对护士站进行考核和验收。

德国每个社区都有专门的护理中心，为在医院进行手术的患者提供康复场所，并管理居民的病历，为居民进行定期体检。护士针对新患者的社区环境、家庭、病情等情况的评估，制定详细的护理计划。

22.2.3 德国医师协会和培训制度

德国是医生密度较高的国家，但地区分布存在一定差别。城区医院工作的医师较多，城区边缘、乡村地区工作的医师较少。因此，德国政府目前致力于调整医师的结构和比例，进一步增加全科医生的数量。

1）德国的医师协会

德国的医师协会分为联邦医师协会和各州医师协会。医师协会是医师自发组成的行业组织，非官方机构，在政府、病人、医生之间起协调和调控作用。医师协会在医生职业规划、质量检查管理、职业培训、资格认定、执业监管、准入、继续教育、专业评估、各类医疗药物使用标准制定等多方面替代和发挥了半官方的作用。医师协会下设 17 个工作委员会。各委员会在协会主席的领导下负责相应专业领域的各项事务，进行各类纠纷仲裁，为州议会提供建议及研究报告，参与制定地方法规等。

2）德国医师培训制度

德国的专科医师培训制度是国际医学界公认的医学教育制度，具有权威性。德国联邦医学教育有悠久的发展历史，其特点为治学严谨，注重能力培养，强调学生主观能动性的发挥，注重理论与实践的结合，自然科学与社会科学的交叉渗透。医师毕业后需通过系统化、规范化、专业化的综合训练，掌握从事全科医师实践所必需的知识和技能，通过全科医师执照考试后，才能独立从事全科医师的临床工作。

第 23 章 德国宗教和建筑的关系

德国建筑以人类的行为和民俗为中介，具有独特的风格和秩序。宗教建筑隐藏着不同历史背景下的人们的交流活动，是一种凝固的空间模式。德国教堂是西方宗教建筑类型的典型代表，多为单体布局，注重空间的围合。德国宗教建筑是人类宗教意识、审美观念、风俗习惯、建筑技术的集中体现，在建筑史上占有重要地位。

23.1 德国建筑风格概述

1）罗马式风格

罗马式建筑以教堂为主，罗马式教堂雄浑庄重，墙体巨大而厚实，墙面用连续小拱，门宇洞口用同心多层小圆拱。中厅大小柱有韵律地交替布置。窗口窄小，形成内部空间阴暗神秘的气氛。朴素的中厅与华丽的圣坛形成对比，中厅与侧廊较大的空间变化打破了古典建筑的均衡感，为使拱顶适应于不同尺寸和形式的平面，后来创造出哥特式建筑。罗马式建筑是建筑史上首次成功将高塔组织到建筑的完整构图中的建筑，如德国沃姆斯（Worms）主教堂。

2）哥特式建筑风格

哥特式建筑在设计中利用线条轻快的尖拱、尖肋拱顶增加了视觉上的空间感。哥特式教堂建筑以挺拔的尖塔，轻盈剔透的飞扶壁以及彩色玻璃镶嵌的修长花窗为主，花窗玻璃以红、蓝二色为主色调，蓝色象征天国，红色象征基督的鲜血，花窗玻璃使教堂内部呈现神秘灿烂的景象，表达人们向往天国的内心理想。众多柱子排列成行，强调了垂直的线条，衬托了空间的高耸峻峭。最具特色的是科隆大教堂和国会大厦（图 23-1 ～图 23-4）。

■ 图 23-1　科隆大教堂（1）

■ 图 23-2　科隆大教堂（2）

■ 图 23-3　科隆大教堂内部结构（1）

■ 图 23-4 科隆大教堂内部结构 (2)

3) 巴洛克建筑风格

巴洛克一词的原意是"奇异古怪",古典主义者认为是离经叛道的建筑风格。德国巴洛克建筑艺术主要用于教堂和宫殿建筑。造型柔和,运用曲线曲面,追求自由奔放的格调,喜好华丽的装饰和雕刻,充分表达世俗情趣,常用穿插的曲面和椭圆形空间。巴洛克风格的教堂表现出神秘的宗教气氛与富丽堂皇之感,如德累斯顿的宫廷教堂。

4) 古典主义建筑风格

古典主义的建筑采用古希腊罗马的柱廊、庙宇、凯旋门和纪功柱,古典主义建筑风格集中表现在博物馆、剧院等公共建筑和一些纪念性建筑上。如柏林的勃兰登堡门是一座新古典主义风格的建筑,高 26m,宽 65.5m,以雅典卫城的山门为蓝本。勃兰登堡门由 12 根各 15m 高,底部直径 1.75m 的多立克柱式立柱支撑着平顶,东西两侧各有 6 根,大门内侧墙面用浮雕刻画了众多罗马神话中的人物形象。勃兰登堡门门顶中央最高处是一尊高约 5m 的胜利女神(图 23-5、图 23-6)。

■ 图 23-5 勃兰登堡门 (1)

■ 图 23-6　勃兰登堡门（2）

23.2　宗教建筑的构成

　　德国宗教建筑空间充满神秘感，德国教堂是西方建筑类型的典型代表，注重空间的围合。德国宗教建筑重视空间的层次、形体与组合，用梁柱与拱券相结合的体系，以尺度开阔营造宽敞高大、肃穆的空间，并注重光的运用，加长朝圣路线与轴线重合度。采用高大拱形穹顶、繁复的尖塔及彩绘玻璃窗等细节寓意上层极乐世界的存在，表达出天国与人间两个世界的对立。

　　教堂内部一般分为精神空间和物质空间。精神空间是上帝的居所，其空间的意义在于为至上的上帝创造一方至圣的栖息地，以及此岸与彼岸世界。物质空间是祭司、教士及信徒们聚集、礼拜的场所。教堂的外部空间多为围合的广场，与街道相连。教堂的建筑空间内外分区明确，不同的空间体现不同的功能。德国教堂多半离居住区很近，教堂及教堂前广场与城市关系紧密，街道系统多与教堂前广场直接联系（图 23-7、图 23-8）。

23.3　德国教堂

23.3.1　德国科隆大教堂

　　联合国教科文组织于 1996 年将科隆大教堂列为世界文化遗产，并与巴黎圣母院、罗马圣彼得大教堂并称为欧洲三大宗教建筑。科隆大教堂结合了所有中世纪哥特式建筑和装饰元素，建筑技术精湛（图 23-9 ～图 23-13）。

■ 图 23-7 宗教建筑 (1)

■ 图 23-8 宗教建筑 (2)

■ 图 23-9 科隆大教堂 (1)

■ 图 23-10　科隆大教堂（2）

■ 图 23-11　科隆大教堂（3）

■ 图 23-12　科隆大教堂（4）

■ 图 23-13　科隆大教堂（5）

科隆大教堂建造耗时超过 600 多年，工程时间之长，在欧洲建筑史上也极为罕见。科隆大教堂建筑面积约 6000m²，东西长约 145m，南北宽约 86m，大门两侧的两座尖塔高达 157m。大教堂内分 5 个礼拜堂，中央大礼拜堂穹顶高达 43m 多。各教堂有整齐的木制席位，圣职人员的座位有 100 余人。教堂的钟楼上装有 5 座响钟，登上钟楼，可眺望莱茵河的美丽风光和整个科隆市。

教堂内部装饰也很讲究，玻璃窗上用彩色玻璃镶嵌的图画是《圣经》故事，教堂内有多幅石刻浮雕，描绘出圣母玛丽亚和耶稣的故事。

23.3.2　德国亚琛大教堂

亚琛大教堂是德国建筑和艺术历史的第一象征，位于德国最西部的城市亚琛市。当年经常住在亚琛的宫殿里的查理曼大帝为了显示他与罗马帝国皇帝的平等地位，把亚琛建设为第二个罗马。亚琛大教堂极具宗教文化色彩，教堂外形为八角形，属于拜占庭式和法兰克式的建筑风格。亚琛大教堂整体结构呈长方形，屋顶为拱形，有许多高耸的尖塔，内部结构以圆拱顶为主。教堂门洞四周环绕数层浮雕和石刻，大门和栅栏以青铜式建筑为主。

第24章 德国城市化

德国在城市化过程中，始终注重大中城市和小城镇均衡发展，并形成一种城乡统筹、分布合理、均衡发展的独特模式。德国是世界上城市化发展较快、城市化率较高的国家之一，其在推进城市化过程中的先进理念与管理经验是全球的典范。

24.1 德国城市化发展

德国城市化进程注重城乡与地区之间，经济与环境的协调发展，城市布局相对合理，大中小城市均衡发展。无论是大城市还是几千人口的小镇，各项市政设施的水平基本相同。

德国具有协调发展的城市化发展模式，良好的区域交通，基础设施网络完善，为城市均衡发展创造了良好条件。城乡建设上，德国严格管理土地，重视对历史文化和古老建筑的保护，注重城市特色的营造。

拥有发达的公路交通网络和便捷的城乡公交系统成为德国小城镇的真实写照。为减少高度集聚的人口对中心城市形成的压力，许多人选择生活在小城镇，工作在其他地方，形成"分散化的集中型"的城市布局。

24.1.1 德国城市化特点

1）与迅速的工业化紧密相连

德国是世界上较少的两次工业革命连续进行的国家之一。德国统一后，进一步促进了工业化的进程。德国人口超过10万人的城市数量急剧增加，工业区的发展导致人口迅速增长，为服务性行业提供了市场，带动城市各领域的经济发展。大规模的铁路建设以及高速工业化的增长趋势相一致，德国的城市化进程加快。便利的交通促进了工业的发展。

2）伴随着明显的人口流动

德国城市化进程总的人口流动主要包括国内人口流动和国外移民。

（1）国内人口流动：在德国城市化进程中，工业化引发居住在农村的人口陆续进入城市，以满足城市化的发展所带来的对于劳动力资源的需求。城市人口因此迅速增长，农村人口相对减少。大规模的人口流动加速了德国城市化的速度，人口结构发生重大变化，城市居民成为国家居民的主体。工业、商业、交通运输业、服务业等行业的就业人数急剧上升。传统产业的人数明显减少，大批的农村居民涌向城市，寻找新兴行业的就业岗位。

（2）国外移民：德国统一后，经济开始发展，德国自产的劳动力已不能满足德国工业经济的发展。大量国外人口移民德国，境外移民人数占全国净增人口的比例较大，为德国经济发展带来充足的劳动力资源。国外移民促进了德国工业化和城市化的迅速发展。

24.1.2 德国城市化进程

德国的城乡同步发展，同质化特征显著。德国百万人口以上的大都市有 4 座，分别是柏林、汉堡、法兰克福、慕尼黑。中小城市发展良好，如海德堡、弗赖堡等，医疗、教育体系健全，并具有各自的文化特色。

德国城市化进程的稳步发展，离不开德国各方面的支持与保障，是城市化进程中不可缺少的重要条件。

1）政策支持

为实现地区平衡发展，德国政府通过一系列政策措施进行补贴与调控，不断缩小各地发展差距。补贴主要用于对旧城改造和基础设施修建及为入驻在新兴地区的企业提供土地、税收、贷款等方面的优惠，如莱比锡、德累斯顿等城市在该政策的鼓励下得以快速发展。德国联邦政府以制度形式规定，财政收入高的州要通过财政平衡去补贴财政收入低的联邦州，如巴伐利亚州在财政平衡制度政策扶持下，经济不断发展。

2）注重科技发展与人才培养

注重科技发展与人才培养是德国城市化成功的重要因素之一。在优惠政策补贴下，德国东部城市生活成本降低，并形成优质的教育资源，吸引众多年轻人前来学习生活。人口的增加带动需求的增加，教育科研成果有效转化成企业产品，拉动经济发展。以德国莱比锡为例，两德统一后，莱比锡同多数原民主德国城市一样出现人口流失和城市发展萎缩的情形。莱比锡当地政府为增加人口，推进经济发展，实行一系列措施与项目，其中最具代表性的就是莱比锡大学。如莱比锡大学的动物诊所是全德国 5 家培养兽医的研究所之一，为企业生产提供科研技术支持，并为市民提供上百个科研岗位。

3）重视外来人口

德国认为外来人口是增加城市活力的重要力量之一。以汉堡市为例，近年来外来人口不断增加，为此汉堡当地政府采取积极的应对方式。面对城市人口增加，汉堡市首先考虑的是从市内寻找可以利用的土地。在土地出让过程中，投资者要提交土地使用规划方案，若投资者长期拿不出规划方案，或故意将土地闲置，政府有权收回土地。此外，汉堡市已实施港口新城建设，预计提供 4.5 万个就业岗位，并为 1.2 万人提供住宅。为吸引投资和减轻外来人口的生活压力，汉堡市政府会提供多种优惠方式，如企业可申请贷款，根据不同情况房屋租金也会相应降低等。

4）注重城市文化特色传承

德国注重传统和文化的传承，强调城市的身份认同。20 世纪 50 年代，德国曾对旧城进行大规模改造，使城市失去原有面貌，人们因此开始意识到保护文化特色的重要性，制定了城市建设各种规划及法律制度，用于保护部分传统建筑和文化标志。

5）提高农村生活水平

为防止农村人口流失，德国长期致力于提高农村的生活质量，为城市和农村创造同等的生活条件，如为农村提供补贴，发展城乡交通，增强城市与农村直接的联系，提高农村居民的福利和社会保障，等等。

24.2 德国城乡可持续发展的生态建设

24.2.1 德国城乡一体化生态实践

德国城市化呈分散化，在城市人口规模和用地规模日益扩大的基本倾向下，都市区中的传统农业型村庄转变成为二、三产业工商城镇的情况越来越多，维持周边农业和森林用地性质不变，保证三次产业在城市区域内并存。

1）提供土地与开放空间利用率

德国降低土地和开放空间的消耗，以实现可持续的城镇化和城乡生态的良性循环。环境保护制约着城乡一体化建设的全过程。为保证绿地总量的平衡，德国几乎所有小城镇中森林和花园总面积都占城市的 1/3 以上。

2）严格规范的规划体制和运作机制

德国政府实施严格的法律法规，其中包括《城市规划法》、《社会保障法》、《城市土地利用法》等，形成严格规范的规划体制和运作机制。公共设施建设、公民住房需求、交通运输及自然环境等建设重点安排。

3）合作投资建设与生态服务经济

德国为了在远郊开发新的服务经济，解决生态环境保护和地方增长之间的矛盾，政府采取合作投资建设的方式，有偿地维持农业、林业用地和环境保护用地。如柏林市与勃兰登堡州，以"合作、整合、景观识别和区域行动"的发展战略，在柏林市周边投资建设一个总面积约 $2900km^2$ 的远郊区，可容纳 60 万人在此生活，为柏林人提供舒适的空气、绿地、饮用水和娱乐空间，维持柏林郊区的自然和文化特征。

4）注重发挥规划的指导和协调作用

城镇规划强调功能完整、布局合理，德国根据城市化规划的指导，改造小城镇的居住环境，坚持可持续发展原则，将公共基础设施及社会服务设施的建设留有足够的发展空间，提高居民生活的舒适度。

24.2.2 德国可持续城市化建设经验

1）优化空间与格局

德国城市的分布呈现大、中城市和小城市分布有序的格局。德国政府强化中心城市（如柏林、汉堡、法兰克福）的集聚辐射作用，拓展都市圈发展区域。大都市圈分布在德国各地，德国城市化建设产业政策的重点均以中小城市和小城镇为主。不断推进工业空间布局的调整，新型服务产业、高新技术产业和企业管理技术中心向城市集聚，重化、能源、基础原材料企业向全球转移。

2）以人为本的科学规划

德国的城乡一体化建设规划坚持以人为本，城乡规划有充足的时间广泛征求市民的意见和建议，并在市民、议会、联邦政府之间反复论证和听证。将不同城市功能与区域分类，将节能环保、雨污分流、垃圾分类等作为衡量市民幸福与满意度的指标。德国的城乡一体化建设规划具有科学性、长期性及严密性的特点。德国明确国土利用规划和市镇建设规划的层次，实行指令性管制，政府每4年颁布一轮生态建设计划，设立团结税（多用于基础设施建设），并注重建设人与自然和谐相处的生态网络。

第 25 章　德国工业区转型

德国经过工业快速发展后，随着经济的转型，工业区也开始发生变化。德国政府对生态工业政策的定位立足于对德国工业环境发展历史的经验总结，及时应对气候变暖、全球生态环境破坏和能源短缺等环境危机。经过多年实践，以鲁尔区为代表的德国工业区转型已取得丰硕成果，形成以生态为出发点的新型工业区转型模式。

25.1　德国生态工业景观的塑造

25.1.1　德国生态工业政策

德国的生态工业政策于 2007 年提出。德国凭借生态工业政策的推广，使本国的产业不断升级换代，利用新能源、新技术避免重复走"先污染后治理"的工业化道路，将保护气候和资源、节约能源放在首位，通过相应措施保持经济持续增长，持续促进就业，将环境和资源消耗以及其所产生的费用向内转化为生产产品必须付出的代价，计入生产成本之中。德国根据能源原料价格波动来调整工业生产结构，减小对其依赖程度。使国内生产和服务投向绿色环保市场，推动未来导向型和社会契合型结构转变，并促进清洁生产和能源效率领域的技术革新，对工业核心领域的能源原料利用进行技术创新。

德国工业政策的制定从研究到颁布，均从德国实际情况出发，开发巨大发展潜力的环保技术，进行工业结构改革，扶植能源效率起主导作用的绿色市场。德国政府支持环保转型，企业纷纷响应政府号召，通过投资鼓励研发等方式加速自身转型。

25.1.2　德国工业景观再造

德国工业区的改造融入城市的整体规划与城市的背景中，充分挖掘保护工业文化遗产，带动相关文化产业、工业旅游等产业的发展。用原有工业文化来带动工业旅游，将转型成本降到最低，避免改造所造成的生态破坏。

德国通过对旧工业区的再利用，赋予工业区新的功能，成为特色工业区景观。将废弃的

■ 图 25-1　旧工业区景观

工业建筑、构筑物、机械设备和与工业生产相关的运输仓储等设施整体保留，将钢铁厂以前的原状，包括工业建筑、构筑物、设备设施及工厂的道路系统与功能分区，全部承袭下来，让游人可感知原工业生产的操作流程。部分构件赋予新的使用功能，使其在展现原有景观的同时，更切合于实际应用（图 25-1）。

德国废弃的工厂设施经过维修改造后重新再利用，会产生不同的效果，一些工业构件通过设计师的再利用，形成不失原有特色的新景观，使整个旧工业区在不失原有风格的同时，被赋予艺术特色。如将原有的高架铁路，改造为游步道和步行体系的组成部分，水渠成为公园的宜人池塘；旧设施改造为雕塑，等等。此外，还可将一些保留意义不大的场地赋予新的功能，如将废弃仓库揭去顶盖，改造成不同主题的小花园和儿童游乐场，或将混凝土墙体改造为攀岩训练场（图 25-2）。

■ 图 25-2 改为游步道的铁道

德国工业区改造过程中利用原有"废料"，可最大限度地减少对新材料的需求以及生产材料所需能源的需求，有利于节约能源，保护生态环境。同时，德国借助工业区更新改造，带动数字娱乐体验区及文化创意产业发展来丰富休闲娱乐种类，成为城市的一大特色。

25.2 德国鲁尔工业区转型

鲁尔地区位于德国西部的北莱茵—威斯特法伦州，包括多特蒙德、埃森、杜伊斯堡等著名工业城市。鲁尔区的工业发展有近 200 年的历史，曾是世界上最著名的重工业区和最大的工业区之一。20世纪50年代末，由于以煤、钢为主单一经济结构受到新的经济发展形势和科技革命的冲击，鲁尔工业区出现经济发展速度放慢，生产萎缩等一系列问题。70年代后，鲁尔工业区围绕发展多样化经济，开展区域全面整治与更新。

鲁尔区为摆脱以往对工业废弃地和废弃厂房与设施的传统价值观，重新发现其历史价值，将工业废弃地视为工业文化遗产，并与旅游开发、区域振兴等结合，进行战略性开发与整治。采用综合性和系统性的战略，通过工业遗产的旅游开发，处理工业废弃地和传统工业区衰退问题，达到区域的复兴。

鲁尔区在原有废弃矿区和工厂企业上直接建立博物馆，或利用植被覆盖，如亨利钢铁厂。该厂位于哈廷根，建于1854年，1987年倒闭关门。目前该废弃钢铁厂已成为露天博物馆，设有儿童可参与其中的游戏空间，吸引众多亲子家庭前来旅游。此外，导游工作由原厂工人志愿承担。由工业区转型而来的博物馆具有实感和历史感，激发社区参与感及认同感，使整个旅游区具有一种"生态博物馆"的氛围。

鲁尔区的工业遗产旅游开发呈现一体化特征，表现在区域性的旅游路线、市场营销与推广、景点规划与组合等各方面。鲁尔区实践"工业遗产旅游之路"，该路线包含19个工业遗产旅游景点，6个国家级的工业技术和社会史博物馆，12个典型的工业聚落，以及9个利用废弃的工业设施改造而成的瞭望塔，在19个主要的景点中，专门选出3个旅游景点，设立专为游客提供整个区域工业遗产旅游信息的游客中心。鲁尔区工业遗产旅游发展树立统一的区域形象，对区内各城市间的相互协作以及对外宣传具有重要作用。

鲁尔区在旧工业区上大力发展新兴产业，开创服务业基地及高技术科研中心，发展"绿色经济"，重视环境保护和资源的可持续发展，形成符合现代生存理念的"花园式工厂"。充分发掘和利用工业文化，保留并适当改造工业遗存建筑，赋予其新功能，为工业文化注入新的活力。通过对工业化时期的住房改造以及在老工业区内现代化新型住宅区的兴建，达到在密集城市区域享受田园式生活的目的。注重各部门及社会团体之间的沟通，发挥全社会的创造精神和共同协作精神，许多居民参与到项目的运作中，为旧厂区改造献计献策，共同改善生活环境，增加青少年职业教育岗位，解决失业问题。

25.2.1 鲁尔工业区经济转型

1）通过法规政策实现转变

鲁尔区工业结构调整是政府作出的政治决策，是在各级政府和各经济主体之间达成的共识，在具体实践中贯彻和执行。设有多种补贴，促进产业发展，缓解就业问题。加大对社会保障建设的投入力度，完善社会保障体系。德国通过立法为鲁尔区转型创造良好的外部环境，制定德国历史上第一个法律上正式生效的区域整治规划。

2）全面规划，适时调整工业区转型方案

鲁尔区经济转型规划由专业规划部门、大学及各类学术团体、国内外大公司、投资商、转型区居民制定。规划要通过市议会形成决议，通过立法形式确定，并委托专门的执行机构根据相应的法律条款严格执行。针对不同时期经济转型所面临的主要矛盾和问题，鲁尔区制定和实施多种规划。鲁尔区转型的不同阶段规划的目标、任务和内容有较大差异，整体思路十分清晰，各阶段产业发展的任务明确。

3）树立"工业文化"品牌，打造欧洲文化之都

鲁尔区工业旅游与文化产业的发展促进整个城市环境和功能的转变，提高整体形象，完善区域功能。1989年，鲁尔区开始实施国际建筑展览10年行动计划，利用旧工业的废弃建筑物，建设成各种服务设施和文化艺术景点，如埃森名为"关税联盟"的煤矿工厂于2001年被联合国列为世界文化遗产。鲁尔区充分发挥工业遗迹多且集中的优势，在转型过程中大力发展文化创意和旅游产业，打造"工业文化"品牌。如欧盟委员会宣布以埃森市为首的鲁尔大都会当选为2010年"欧洲文化首都"。

4）注重多元化建设，为经济转型奠定坚实基础

鲁尔区在转型过程中，加强交通基础设施建设，构建四通八达的交通网络，把建设综合性运输网络放在首位，发展区内快车线。鲁尔区已建成欧洲最稠密的交通运输网，在最大限度发挥本区水运优势的基础上搞好水陆联运，加速南北向交通线路的建设。

鲁尔区积极发展教育与科技，改善制度环境。把教育作为实施鲁尔地区创新发展战略的驱动力，积极推进产学研的结合，政府帮助企业拟定技术革新计划，把高等院校的教育与本地区的经济发展相结合，建立横贯全区的技术创新基地。不断推进行政制度改革，推行市镇重组，调动地区发展各参与方的积极性。

25.2.2 鲁尔工业区的整治规划与措施

1）以法律为依据，科学规划

德国的鲁尔工业区改造先后制定《联邦区域整治法》、《煤矿改造法》、《投资补贴法》等，有效保证各项整治政策的实施。政府设立专门领导机构，负责制定区域总体规划、经济结构调整政策、项目审批、财政资助等事宜。鲁尔煤管区开发协会是鲁尔区最高规划机构。针对鲁尔区存在的问题，协会于1960年提出鲁尔区总体发展规划，总体规划里体现鲁尔工业区综合整治以煤钢为基础，发展新兴工业，改善经济结构，拓展交通运输，消除环境污染为基本原则，该总体规划作为法令要求全区严格遵守执行。

2）制定区域发展方向，实行区域性一体化模式

实现多目标的区域综合整治与振兴，鲁尔煤管区开发协会于1989年制定国际建筑展计划。该计划面向北部鲁尔地区约800 km²，有17座城市，属于由区域综合整治计划所带动的区域性统一开发模式，又称为区域性一体化模式，包括工业结构转型，旧工业建筑和废弃地的改造及重新利用，当地自然和生态环境的恢复以及就业和住房等社会经济问题的解决等方面。

3）改变单一的产业化结构，推行积极的市场策略

鲁尔工业区开发协会对原有煤炭、钢铁产业进行技术改造，通过改建、合并、合约、转让等多种形式改造煤炭、钢铁部门的厂矿企业。深化钢铁企业专业化分工，调整一次性加工企业到交通便利、运费低廉的沿河各港口，区位选择更合理。

鲁尔工业区的转型使原来单一产业结构的企业逐渐演变成多产业的企业。鲁尔区改善投资环境，劳动力充裕，交通便利，具有巨大的消费市场。在原来开采煤炭、钢铁的地方，建立新的大型工业企业，如化学、汽车、机械制造等新企业，零售业、旅游、法律咨询、广告、多媒体、通信等各种新兴服务业竞相发展。数量众多且具有创造性的中小企业新建和迁入，

丰富鲁尔区的新工业结构。

4）注重科技创新，建立技术开发中心

鲁尔区对科学技术和教育事业十分重视，是欧洲境内大学密度最大的工业区和世界信息技术中心之一。凭借欧盟及德国各级政府资金支持，鲁尔区几乎所有城市都建有技术开发中心，全区有 30 个技术中心。鲁尔区重视技术的市场化，建立一个从技术到市场应用转化的体系，所有大学和研究所都有"技术转化中心"，以帮助企业把技术转化成生产力。

25.2.3 鲁尔工业区生态修复

德国曾为追求社会的快速发展，而对生态环境造成严重破坏。鲁尔区作为一个重工业基地，曾集中大量钢铁、煤矿、炼焦、发电厂，企业不顾环保排放废气、污水，给当地生态造成严重污染。为治理环境污染，州政府实行一系列措施，大力修复环境，并取得明显效果。其中，鲁尔区的生态修复是最为成功的范例。

1）空气污染的治理

鲁尔工业区的城市规划呈现分片组团式，力求从根源上改变大气环境。各城区按功能建立科学园区、发展园区、服务园区，生活园区等小区，使生活区和各类工厂彻底隔离。在鲁尔工业区的企业遵守"欧洲环境管理系统"，如限制污染气体排放，在全区的烟囱建立自动报警系统，各工厂都建立回收有害气体及灰尘的装置，改进能耗高，物耗高、污染重的落后生产工艺和设备。鲁尔区有严格的汽车尾气排放要求，两年一次排气检查，每年要淘汰 1 万多辆汽车。同时，鲁尔区要求给汽车安装更加清洁的发动机，减少汽油和柴油燃料中的硫含量等。

2）土地的保护

鲁尔区的煤矿开采每年大约产生上千万立方米的煤矸石，地方法规规定，被破坏的土地应立即恢复原貌，进行地面勘察，确定补救措施以及重塑种植的可能性。根据煤矸石山的堆积情况、周围绿化、地表地下水的保护、堆积物的性质、安全性以及对周围气候的影响等方面制定规划。鲁尔区将泥土与细矸石混合堆在矸石上．形成人工土层后对其施肥，保证养分齐全。矸石山表土层形成以后，紧接着先种草，再植树。草皮对矸石山起保护作用，防止其表面被风蚀．形成腐殖质层。矸石实行分层堆积，减少矸石山内的 O_2 含量，防止矸石山自燃，使水不渗到地下，保护地下水。经过治理的煤矸石山形成一个完整的生态系统，成为可供人们游玩的自然风景保护区。

3）污染水体的修复及雨水利用

鲁尔河上建立完整的供水系统，河面上共建立 4 个蓄水库，100 多个澄清池净化污水，并在埃姆舍河口设立微生物净水站。鲁尔地区大部分建筑都设置雨水收集系统，收集约 5 万 m^2 屋顶和场地上接纳的雨水，用于建筑内部卫生洁具的冲洗，室外植物的浇灌及补充室外景观用水。

4）恢复植被和群落生境

在工业密集区建立自然保护区，进行大规模的植树造林。保留、开发和利用空闲地所采取各项措施的目的在于保护动植物多样性，持续维护自然及景观的独特性和完美性。在鲁尔自然保护区，人们尝试将"绿岛"相互连接并构成生态网络（自然保护区群），如在沟渠、排水沟和小溪旁保留流水带，尽量避免在人为干扰的情况下予以保留，产生群落生境相互关联系统。鲁尔区的自然保护区为人们创造了一个具有重要意义的郊游和集会场所。

25.3　工业区转型成功典范——杜伊斯堡景观公园

杜伊斯堡景观公园位于杜伊斯堡市北部，原为著名的蒂森（Thyssen）钢铁公司所在地，是一个集采煤、炼焦、钢铁于一身的大型工业基地，公园面积广阔，约 2.3km²。该地被改造为一个以煤—铁工业景观为背景的大型景观公园（图 25-3）。

■ 图 25-3　杜伊斯堡公园

杜伊斯堡景观公园对废弃工业场地及设施的保护与利用，重视体现其工业文化的价值。公园工业景观的开发模式有：

1）博物馆开发模式

公园工业景观布局结构和各节点要素得到全面的保护，整体厂区向公众全面展示有关工业生产的组织、流程、技术特征、相关设施、景观尺度和综合形象，展现工厂的发展历史进程。最典型的是将建于 1854 年的老钢铁厂改建为一个露天博物馆，设计可供儿童开展各种活动的游戏故事为主题的场馆。

2）休闲、展览开发模式

煤气储罐位于厂区中心，1 号、2 号高炉东侧。工厂关闭后煤气储罐废弃。潜水爱好者向气罐内注入 2 万 m³ 的水，将煤气储罐改造成欧洲最大的人工潜水中心。利用原来贮存矿石和焦炭的料仓，更新改造为能容纳攀岩、儿童活动、展览等综合活动的场所。此外，因具有旧工业厂区改造而成的独特景观，杜伊斯堡景观公园也成为摄影爱好者采风的最佳选择之一（图25-4、图25-5）。

■ 图25-4　加入休闲元素的料仓

■ 图25-5　采风圣地

3）多功能综合活动中心开发模式

鼓风机房综合体位于 1 号、2 号高炉和煤气储罐的东北侧，该建筑建造于 20 世纪初期，具有"新浪漫主义"风格的拱形窗和墙身装饰是当时流行的建筑形式。现该综合体被改造为承办多种活动的场所，如音乐会、舞会和戏剧表演等。其中的原鼓风机房已转化成为鲁尔区 500 座的节日庆典剧场。1 号高炉的铸造车间局部改造成为 1100 个活动座位的夏季露天影剧院的舞台，也可用于举办其他会议、演出活动。

■ 图 25-6 厂区内自然生长的菌类

4）购物、旅游休闲相结合的开发模式

在工厂原址兴建大型购物中心，旁边仍保存原有工业设施的博物馆，配套建有美食文化街、体育中心、游乐园、影视设施，吸引大量旅游和购物的人流。自行车爱好者奔驰在广阔园区的绿色海洋里，生态爱好者在此随处欣赏到厂区内独特的恢复性生态景观（图 25-6、图 25-7）。

■ 图 25-7 厂区内自然生长的植被

北杜伊斯堡景观公园废弃工业场地上遗留的各种设施（建筑物、构筑物、设备等）具有特殊的工业历史文化内涵和技术美学特征，是人类工业文明发展进程的见证。由各种炼钢高炉、煤气储罐、车间厂房、矿石料仓等独立工业设施构成的点要素，铁路、道路、水渠等构成的线要素以及广场、活动场地、绿地等开放空间构成的面要素等结构分析，旧厂区的整体空间尺度和景观特征在景观公园构成框架中得以保留和延续。各种工业设施的综合利用，使景观公园能容纳参观游览、信息咨询、餐饮、体育运动、集会、表演、休闲、娱乐等多种活动，兼备技术性和经济可行性。

北杜伊斯堡景观公园的工业区转型涵盖污染治理、生态恢复与重建、景观优化、产业转型、文化发掘与重塑、旅游业开发、商业服务设施、科技园区的开发建设等多个层面的目标和措施，是综合性的用地更新改造策略，实现区域内的工业区转变及生态环境的持续改进，对景观文化内涵、美学价值、生态思想进行深入发掘及研究。

第 26 章　德国国土管理

德国国土总面积 24 万 km²，仅略大于中国辽宁省。但德国通过政府与民众的支持，利用科学、高效的土地资源管理及土地空间规划，合理利用每一寸土地，注重每一寸土地的生态保护、经济发展，促进每一寸土地可持续发展，从而保障德国国土的可持续发展。

26.1　德国土地管理制度

德国土地管理重视土地立法，采用先进技术进行管理，重视对土地信息的保存、利用和完善。德国土地管理的部门有州测量局、地方法院土地登记局、土地整理司，国家财政部主管农业用地评价和地产价值评价，州发展规划与环保部主管各级土地利用规划工作，各个部门通过立法，形成分工合作制度。德国土地管理机构负责地籍资料的采集、编绘、保管、更新、统计和提供利用，土地登记、土地评价、土地利用规划和土地整理。

下面以巴伐利亚州的土地整理情况为例对德国土地管理制度进行介绍。

根据德国《土地整理法》，巴伐利亚州土地整理分为：常规性土地整理、简化土地整理、项目土地整理、加速土地合并和自愿土地交换五种类型。

常规性土地整理项目由上级土地整理机关批准立项，其涉及范围可以只包括一个村或乡镇，也可以横跨几个村或乡镇。

简化土地整理项目可在几个村庄、乡镇的一小部分，甚至独立居民点的范围内进行，也可在已完成土地整理的乡镇进一步归并地产，以便改善农林经济的生产和工作条件。简化的土地整理项目由农村发展管理局批准立项，并决定所采用的简化程序和方法。

项目土地整理的立项审批文件由上级机关签发。对于建设项目所占用的土地，由建设单位进行货币补偿，项目建设单位支付土地整理费用以及建设项目适用法律所规定的其他补偿费用，补偿数额由有关法律规定。

快速土地合并由农村发展管理局批准立项，其范围一般局限于地产所有者的地产或部分地产，不包括居民点建筑物，也不需要辅助的道路和水利建设措施。在快速土地合并中，参加者之间的补偿问题尽量通过协商办法加以解决。

自愿土地交换是不同的土地所有者分别将自己的地块在一定对等条件下进行相互交换的行为。只有自愿调换土地不需要纳入农村发展管理局的工作计划。

负责巴伐利亚州的土地整理，协调各种整理类型的部门主要是巴伐利亚州当地的农林部、农村发展管理局、农村发展管理协会、巴伐利亚州农村发展管理协会和土地整理参加者联合会。这些部门相互协作，通过制定政策、法规等来约束、管理巴伐利亚州的土地整理，保证其稳定、高效地发展。

从巴伐利亚土地整理的三个重点部分可看出德国土地管理制度的大致情况。

1）土地整理流程

德国土地整理有着科学、缜密的土地整理流程。乡镇等部门提出土地整理需求后，土地整理部门协同有关部门对申请进行审查。如认为已具备土地整理的条件且符合土地整理参加者利益，可以决定土地整理。

土地整理申请通过后，土地整理部门要与自然保护、道路建设、水利和农业等有关部门进行各方面的准备工作和宣传工作，待准备工作完成后颁布土地整理决议。决议颁布后成立土地整理参加者联合会，定期或不定期地商讨土地整理的有关事宜。

《土地整理法》规定，地区土地整理部门在与参加者联合会达成一致意见后，可制定公共设施建设规划。具体实施工作及实施费用由土地整理参加者联合会承担，联邦和州提供贷款和补助。还需根据各村镇实际情况制定和实施村镇改造规划。

土地整理流程后期，各部门还需进行土地估价，实施补偿措施，制定土地整理计划以及颁布地产临时限制。其中，土地整理计划是由地区土地整理部门（土地整理局）批准并向参加者公布的行政决定。土地整理计划中必须规定新建街道、公路、河流和其他公共设施的权属关系、养护责任，公共设施和促进景观维护的保护条例，在地籍册中登记的旧地产抵押权和优先购买权等。

待以上各计划实施，土地整理参加者对接受新地产无异议，并对出现的新权属关系提请土地整理部门在不动产地籍册和土地登记册中登记后，土地整理基本结束。

2）土地整理原则

不仅是巴伐利亚州，整个德国都十分重视对景观的维持，对民族历史、文化遗产的继承与保护，强调对生态环境的保护与建设。

巴伐利亚州土地整理中，对具有民族风格和地方特色的历史建筑物，均加以保留，在原貌的基础上进行整理。巴伐利亚州的土地整理是对整个整理区域内久远的生态环境保护。在整理过程中，对生态环境的保护从立法、规划及措施等各方面都有明确的规定和要求。保存、保护现有的有利景观，充分利用现代的科学技术和手段创造出新的景观，促进环境生态群体的平衡，使土地整理工作做到经济效益、社会效益和环境效益相统一。

3）注重公众参与

巴伐利亚州土地整理十分重视公众的参与。各村镇相关部门为民众举办各种培训活动，成立工作组，开展对农村发展主题的讨论，宣传有关农村发展目标和发展途径的信息。在村镇空间设计过程中，民众可参与决策，充分满足民众的合理需求。

26.2 德国土地资源生态管理

德国在各个领域都注重生态的建设，处处体现生态的重要性。对于严谨的德国人来说，土地的生态把握要从最基本的"管理"开始。德国土地资源生态管理基本是从农用地建设、用地规划、土地整理和土地复垦四个方面具体实行。

1）农用地建设

面对民众饮食结构变化和环境保护要求增高的双重压力，德国意识到农用地具有重要的生态意义，如农业地区可以调节微气候，为人口密集的城市区提供新鲜的空气、休闲和娱乐用地等。因此，农用地的生态建设成为需要始终坚持的艰巨任务。

德国土地利用结构稳定，农业用地和林地占绝对优势，土地的生态安全性高，可保护生物多样性和耕地的多样性、独特性和优美性，并且农用地对水、空气和土壤的维护、过滤、储存和净化作用，可保护地下、地表水资源，控制水土流失。

德国非常重视生态农业的建设，强调农用地可为人类提供各种生态服务功能。1992年开始，欧盟、联邦和州要求在农用地中实施生态性用地建设，以生态方式进行耕作的土地所占已利用农业用地的比例逐年提高，经营生态产品的农业企业数量也大幅增加。

2）用地规划

德国所有的土地保护规划十分强调土地的不可更新性及有限性的特点。1991年前，德国各州编制的土地保护规划没有明确强调土地的生态功能，1993年以后，编制的土地保护规划，开始特别强调保护土地的生态功能。

改善居住区环境，保护开敞空间以及发展文化景观是德国空间规划的目标之一。德国通过空间规划专门划出天然林保护区、生物圈保护区、国家公园、自然保护区和自然公园的用地，仅自然公园一项用地就占国土面积的16%以上。各州利用土地规划，发挥土地的生态功能。

德国在保护土地数量、保障各类用地的同时，也在保护土地的质量，避免对土地的物质入侵及其他恶化影响，以保护土地的生态功能，同时实施对土地生态功能的动态监测。

3）土地整理

土地整理是实现自然保护的有效工具。德国土地整理的发展一直受到各个时期社会和政治环境的影响。由于之前忽视生态问题，土地整理活动使德国干热性、湿性和贫瘠性生态环境类型濒于消失，生物栖息地的破碎化、单一化威胁着许多物种的生存。但随着社会不断发展，人民生活水平逐渐提高，人们开始追求人与自然和谐相处的生活环境。

如今，德国土地整理体现"尊重自然、顺应自然和保护自然"的理念。德国的土地整理采取与农村经济社会发展相结合的方式，区域内生态环境保护和农村全面协调发展，改良土壤，兴修水利，整修道路，维护乡村景观，优化村民的居住、生活条件，继承保护民族历史文化遗产，实现耕地保护与自然环境保护的统一。

为更好地体现生态需求，德国在进行土地整理时注重四个问题。

第一，保持生物多样性。具体措施如将道路布置在灌木丛的旁边，调整未来农田耕作的方向，以避免山丘和田埂对耕作的影响，等等。

第二，保护农用地生态价值。如在干旱或潮湿地带，有价值的成片物种与农用地划归不同的土地所有者，通过直接使用现有的河流和水域作为土地分界线，使岸边的植物不受损害。将农田周围路渠旁的树木和灌木丛与沿岸植物结合起来，作为生物群落的组成部分，以保护农田的生态价值。

第三，土地整理之前必须进行环境影响评价。德国《环境相容性评估法》指出，凡是需要进行土地整理计划方案确认的土地，无论是建设公共设施，还是对现有设施进行改造、拆除或合并，都要进行环境相容性评估。在计划方案的解释报告中，必须有一章内容专门解释计划方案对生态保护对象的影响，特别是对动物、植物、土壤和景观的影响。如果土地整理对生态结构的损害不可避免，则必须给予相应的补偿。

第四，土地整理过程中注重部门协调、公众参与。德国土地整理局与当地的自然保护主管机关、农业局、水利局等合作，提出土地整理过程中要兼顾自然保护、景观保持和生态环境等方面需要的基本原则和要求，鼓励民众，尤其是农民自觉参与到生态环境保护中。

4）土地复垦

德国土地复垦的目标是构建良好的生态环境，提高或恢复土地的生产能力，为人们提供一个良好的环境，从而实现可持续发展。早在1766年，德国就已经出现土地复垦的记录，当时的土地租赁合同明确采矿者有义务对采矿废弃地进行治理并植树造林。但当时并未形成系统化，大力开展土地复垦，直到20世纪20年代，才开始渐渐走上专业化、系统化的道路。

1950年，北莱茵州颁布针对褐煤矿区的总体规划法。基本矿业法也进行了修订，第一次将"在矿山企业开采过程中和完成后，应保护和整理地表，重建生态环境"写进法律。

1990年，原联邦德国、民主德国两德合并，国家趋于统一稳定，人们的生态意识开始增强。土地复垦目标已从以林业、农业复垦为主，转向建立休闲用地，重构生物循环体和保护物种。实行混合型土地复垦模式：农林用地、水域及许多微生态循环体协调、统一地设立在一起，从而为人和动植物提供较大的生存空间。

26.3　德国土地空间规划

空间规划有狭义和广义之分，广义的空间规划则由前一个概念衍生拓展而来，是所有具有空间意义规划的行为和活动的统称。德国空间规划是指公共权力对所有层面（地方及地方以上的）以及相关专业范围的空间性规划，最终目标是实现全体民众的生活水平的不断提高和社会收入分配的相对公平。

德国空间规划工作有三项原则：可持续发展原则、区域性原则和公平原则。德国研究长远的发展计划、指导性原则以及规划和秩序措施，避免城镇居民点的破坏与超负荷，保证资源的长远合理利用。从经济、社会和生态的角度，发展整个区域以创造对经济相对弱势边缘地区人口外流的反作用。在经济强势和经济弱势地区进行政策平衡，尽可能地在空间上取得共同发展。地区的公平性是指尽可能让区域内大多数居民就近拥有住房、工作、基础设施和健康环境，使全体人民分享社会的发展进步。

1）健全的法律政策

德国联邦政府和各州政府都有对应的规划法律作为依据，各级政府依据规划法律规定的职责以及法定程序编制和实施规划。最高联邦层面的空间规划相关法律文件主要有《建设法典》及配套法律《建设法典实施法》、《规划理例条例》，《空间规划法》及配套《空间规划条例》，一些针对专项规划的法律法规，如《土地征收法》、《废弃物防止、循环和处置法》、《能源与天然气供给法》、《联邦自然保护法》、《联邦水利法》等。《联邦区域规划法》是德国空间规划的主要法律基础，对规划的编制、协调和主要内容都作出明确的规定。

所有规划必须经过充分协调，有关各方利益基本达成一致后方可报批，各级政府也通过各类规划把政治诉求具体化，实现执政意图和管理目标。

2）矛盾协调机制

德国的规划编制工作绝大部分工作量是用于规划编制过程中各种问题和矛盾的协调。规划编制中的矛盾主要来自民众的诉求，当民众或某部分人群的合理诉求无法得到保障，可以向上级政府或中央政府进行申诉，或上诉法庭来进行裁决。协调的原则是在规划中尽量避免矛盾冲突和不平衡竞争。具体协调机制分纵向协调和横向协调。纵向协调是联邦政府和州政府之间的协调，通过部长会议或联邦有关法律进行；横向协调是政府各部门之间、政府与市场主体之间的协调，通过讨论协商进行，如本级协调不成可以逐级上升，直至内阁。

德国的矛盾协调机制可以反映绝大多数民众的意愿，增强规划的科学性、合理性，有利于规划的贯彻和实施。

3）重视区域协调均衡发展

协调均衡发展主要是为全国的所有区域创造相对平等的发展机会和发展环境。德国空间规划常作为实施区域政策的重要工具，在一定程度上，决定着政府财政转移支付的方向。德国《联邦基本法》、《区域规划法》等有关法律中对区域协调发展的要求均有明确的规定。

笔者首先要感谢中华人民共和国住房和城乡建设部原副部长仇保兴阁下，2012年接见本人，并鼓励我对新加坡、德国、美国等在生态领域有特别贡献的世界八个国家进行研究并写成专著介绍到中国。笔者深知这是一个非常大的课题，需要漫长的十几年的时间，本人更需要忍受很多很多。

过去二十多年来，笔者一直从事生态技术的研究和世界生态技术发展的跟踪学习，也在亚洲和中国从事生态城市的设计工作。在提出"生态中国、美丽中国"目标的今天，深知生态技术的传播对中国当今发展的重要意义。

德国是一个伟大的国家。相信读者阅读这本书，会和笔者一样领略到除了德国的生态技术外，更能体会到德意志民族的"自然、绿色、敬天爱人"的哲学精神。

写这本书经历了两个整年的时间，过程非常辛苦。但作为一个设计师和一生从事生态城市、生态技术研究的专门人士，也很开心，更有激情。因为笔者很爱这个事业，我把自己的生命融入生态城市设计、生态技术研究的事业中。

感谢我太太程吴宵霞的鼓励。也希望我的态度能感动我的儿子程程和程立。

非常感谢我的中国华文助理曲琳小姐、刘京蕾小姐。她们有很深厚的华文功底，为本书的再造和编辑付出很多很多。

非常感谢摄影师刘庆丰先生，他和曲琳小姐、刘京蕾小姐带着我的书稿去德国拍摄大量的照片。

笔者特别感谢中国建筑工业出版社的吴宇江和许顺法先生，他们为本书的编辑付出了大量心血。

谢谢您，我的读者。

2014.06.03 夜于新加坡汤申